稻渔综合种养新模式新技术系列丛书

全国水产技术推广总站 ◎ 组编

稻渔综合种养技术模式与案例

肖放 陈欣 成永旭 ◎ 主编

中国农业出版社

北京

稻渔综合种养新模式新技术系列丛书

丛书编委会

稻渔综合种养新模式新技术系列丛书

本书编委会

主　编　肖　放　陈　欣　成永旭

副主编　朱泽闻　唐建军　李惠尧

编　委（按姓名笔画排序）

丁雪燕　马达文　王祖峰　王　浩　田树魁
白志毅　成永旭　朱泽闻　刘忠松　刘学光
李可心　李东萍　李　苗　李惠尧　肖　放
何中央　张海琪　陈　欣　金千瑜　郑　珂
赵文武　奚业文　唐建军　蒋　军

丛 书 序

21 世纪以来，为解决农民种植水稻积极性不高以及水产养殖病害突出、养殖水域发展空间受限等问题，在农业农村部渔业渔政管理局和科技教育司的大力支持下，全国水产技术推广总站积极探索水产养殖与水稻种植融合发展的生态循环农业新模式，农药化肥、渔药饲料使用大幅减少，取得了水稻稳产、促渔增收的良好效果。在全国水产技术推广总站的带动下，相关地区和部门的政府、企业、科研院校及推广单位积极加入稻渔综合种养试验示范，随着技术集成水平不断提高，逐步形成了“以渔促稻、稳粮增效、质量安全、生态环保”的稻渔综合种养新模式。目前，已集成稻-蟹、稻-虾、稻-鳖、稻-鲤、稻-鳅五大类 19 种典型模式，以及 20 多项配套关键技术，在全国适宜省份建立核心示范区 6.6 万公顷，辐射带动 133.3 万公顷。稻渔综合种养作为一种具有稳粮促渔、提质增效、生态环保等多种功能的现代生态循环农业绿色发展新模式，得到各方认可，在全国掀起了“比学赶超”的热潮。

“十三五”以来，稻渔综合种养发展进入快速发展的战略机遇期。首先，从政策环境看，稻渔综合种养完全符合党的十九大报告提出的建设美丽中国、实施乡村振兴战略的大政方针，以及农业供给侧改革提出的“藏粮于地、藏粮于技”战略的有关要求。《全国农业可持续发展规划（2015—2030年）》等均明确支持稻渔综合种养发展，稻渔综合种养的政策保障更有力、发展条件更优。其次，从市场需求看，随着我国城市化步伐加快，具有消费潜力的群体不断壮大，对绿色优质农产品的需求将持续增大。最后，从资源条件看，我国适宜发展综合种养的水网稻田和冬闲稻田面积据估算有600万公顷以上，具有极大的发展潜力。因此，可以预见，稻渔综合种养将进入快速规范发展和大有可为的新阶段。

为推动全国稻渔综合种养规范健康发展，推动2018年1月1日正式实施的水产行业标准《稻渔综合种养技术规范　通则》的宣贯落实，全国水产技术推广总站与中国农业出版社共同策划，组织专家编写了这套《稻渔综合种养新模式新技术系列丛书》。丛书以“稳粮、促渔、增效、安全、生态、可持续”为基本理念，以稻渔综合种养产业化配套关键技术和典型模式为重点，力争全面总结近年来稻田综合种养技术集成与示范推广成果，通过理论介绍、数据分析、良法推荐、案例展示等多种方式，全面展示稻田综合种养新模式和新技术。

这套丛书具有以下几个特点：①作者权威，指导性强。从全国遴选了稻渔综合种养技术推广领域的资深专家主笔，指导性、示范性强。②兼顾差异，适用面广。丛书在介绍共性知识之外，精选了全国各地的技术模式案例，可满足不同地区的差异化需求。③图文并茂，实用性强。丛书编写辅以大量原创图片，以便于读者的阅读和吸收，真正做到让渔农民“看得懂、用得上”。相信这套丛书的出版，将为稻渔综合种养实现“稳粮增收、渔稻互促、绿色生态”的发展目标，并作为产业精准扶贫的有效手段，为我国脱贫攻坚事业做出应有贡献。

这套丛书的出版，可供从事稻田综合种养的技术人员、管理人员、种养户及新型经营主体等参考借鉴。衷心祝贺丛书的顺利出版！

中国科学院院士 桂建芳

2018年4月

前言

进入21世纪，我国农业产业化步伐逐步加快，国家对粮食安全和食品质量要求不断提高，各地农业生产方式和经营机制改革的创新力度不断加大。在这一背景下，部分地区在传统稻田养殖的基础上，通过品种和技术的创新及生产方式的变革，一大批以特种水产品种为主导，以标准化生产、规模化开发、产业化经营为特征的稻渔综合种养新模式不断涌现。与传统稻田养殖相比，这些稻渔综合种养新模式能在水稻稳产甚至增产的基础上，显著提高稻田综合效益，降低农药和化肥使用量。同时，稻田效益的提高，还促进了稻田通过参股、租赁、托管等方式开展流转，为合作经营、产业化发展创造了条件。部分地区通过稻田综合种养，实施了稻田千亩*甚至万亩的连片作业、产业化运行，大大提升了规模效益，显著地调动了农民参与稻田综合种养的积极性，在许多地区形成了新一轮稻渔综合种养发展的热潮。稻渔综合种养逐步成为一种“稳粮、促渔、增效、提质、生态”的现代农业发展新模式。

全国水产技术推广总站高度重视稻渔综合种养新模式发展，在农业农村部有关司局的大力支持下，2010年起，由全国水产技术推广总站牵头，以上海海洋大学、浙江大学等科研教育单位为支撑，黑龙江、吉林、辽宁、浙江、安徽、江西、福建、

* 亩为非法定计量单位，1亩=1/15公顷。——编者注

湖北、湖南、重庆、四川、贵州、宁夏等省自治区、直辖市水产技术推广机构为实施单位，组织实施了稻渔综合种养技术集成与示范项目。项目以“以渔促稻、稳粮增效、质量安全、生态环保”为发展理念，坚持以稳定水稻生产为中心，以特种水产品养殖为主导，以产业化、规模化、标准化、品牌化为导向，采用技术集成创新、典型示范及辐射带动相结合的方式，边试验、边示范、边调整、边推广，取得了显著成效。项目在全国建立了核心示范区 87 个、面积 11.6 万亩，辐射带动 2 000 多万亩，形成了稻蟹、稻鳖、稻虾、稻鱼、稻鳅五大类 20 多个典型模式，以及配套的水稻栽培、水产健康养殖、种养茬口衔接、施肥、病虫草害防控、水质调控、田间工程、捕捞加工、质量控制九大类 20 多项关键技术。在 2011—2013 年和 2014—2016 年全国农牧渔业丰收奖评选中，项目单位组织实施的稻田综合种养示范相关项目，共获成果奖一等奖 3 项、二等奖 1 项，得到了广泛认可。

本书以稻渔综合种养技术集成与示范项目的数据和成果为基础编写而成，是“稻渔综合种养新模式新技术系列丛书”的组成部分。第一章稻田综合种养发展背景及趋势特征，由全国水产技术推广总站牵头编写；第二章稻田综合种养发展的资源条件和第三章稻田综合种养的理论基础，由浙江大学牵头编写；第四章稻渔综合种养模式，由全国水产技术推广总站牵头编写；第五章稻田综合种养关键技术，由上海海洋大学牵头编写；第六章稻田综合种养综合效益分析和第七章稻田综合种养产业化发展存在的问题与政策建议，由全国水产技术推广总站牵头编写。衷心希望本书能为广大稻田综合种养相关技术、管理、生产人员全面了解新一轮稻田综合种养的内涵、特点、技术内容及发展趋势提供有益的参考。

本书编写得到了农业农村部科技教育司、渔业渔政管理局以及各项目承担省（自治区、直辖市）渔业行政和推广部门的大力支持，稻田综合种养相关技术专家也给予了精心指导，在此一并致以诚挚的谢意。

由于编者水平有限，书中难免会有一些不足之处，恳请广大读者批评指正，以便在日后予以改进和完善。

编者

2019年10月

目 录

第一章 稻田综合种养发展背景及趋势特征

一、稻田综合种养的内涵

（一）稻田综合种养的模式特征

稻田综合种养是为适应新时期现代农业和农村发展的要求，为稳定水稻生产、促进渔业发展，在原有稻田养殖技术的基础上，创新发展的一种现代农业新模式。该模式是根据生态经济学原理和产业化发展的要求，对稻田浅水生态系统进行适度工程改造，通过水稻种植与水产养殖、农机和农艺技术的结合，实现稻田的集约化、规模化、标准化、品牌化的生产经营，在水稻稳产的前提下，大幅度提高稻田经济效益，提升产品质量安全水平，改善稻田的生态环境。

与传统稻田养殖相比，稻田综合种养在发展理念上，突出强调“渔稻互惠、稳粮增效”，强调了稻渔双赢；在发展目标上，坚持“一个中心、六个兼顾”，即以稳定水稻生产为中心，兼顾促渔、增效、提质、生态、节能、可持续目标；在品种上，引入田鱼、河蟹、对虾、中华鳖、泥鳅等经济效益好、产业化程度高的特种水产品种；在技术集成上，突出农机与农艺技术的融合、水稻种植与水产养殖技术的融合，强化生态理论的支撑、效益评估数据的支撑；在发展方式上，采用了“科、种、养、加、销”一体化现代发展模式，强化新型经营主体的培育，强化相关社会化服务、政府扶持等方面保障，突出规模化、标准化、产业化的现代农业发展方向，两者的对照详见表1-1。

表 1-1 传统稻田养殖与稻田综合种养对照

	项目	传统稻田养殖技术	稻田综合种养技术
发展背景	发展模式	粗放的小农模式	产业化发展模式
	发展目标	增产、增收	稳粮、促渔、增效、提质、生态、节能、可持续
	发展条件	稻田流转难	稻田流转政策明确、步伐加快
	应用主体	普通农户为主	种养大户、合作组织、龙头企业
技术内容	水稻品种	常规种植品种	按综合种养的要求筛选出来的品种
	水产养殖对象	鱼类（鲤、草鱼）	特种水产品种（鳖、虾、蟹、鳅等）
	水稻栽插方式	常规种植	宽窄行，沟边加密，穴数不减
	水产养殖	常规养殖	水产健康养殖
	配套田间工程	鱼溜、鱼沟面积无具体限制	鱼溜、鱼沟面积限制定在10%以下，增加了防逃、防害设施
	种养茬口衔接	简单	融合种植、养殖、农机、农艺的多方要求
	稻田施肥	以化肥为主	有机肥为主，水产动物粪便作为追肥
	病虫害防治	以农药为主	生态避虫、一般不用农药
	产品质量控制	无规定	生产过程监控、标准化管理
	产品收获	常规	机收、生态捕捞
	产品加工	简单	精深加工
技术性能	水稻单产	无规定	不低于当地水稻生产水平
	产品质量	常规	无公害绿色食品或有机食品
	农药使用	与水稻常规种植无差别	减少50%以上
	化肥使用	与水稻常规种植无差别	减少60%以上
	单位面积效益	低	增收100%以上
经营方式	生产规模	较小	集中连片、规模化开发
	作业方式	人工为主	机耕机收、工程育秧

（续）

项目		传统稻田养殖技术	稻田综合种养技术
经营方式	经营体制	农户自营为主	合作经营，“科、种、养、加、销”一体化、品牌化
	服务保障	较少	社会化服务体系为保障

（二）稻田综合种养的技术系统构成

稻田综合种养技术系统主要包括技术集成、技术评价、技术应用等部分，三者相辅相成、互为支撑。其中，技术集成主要由与之配套的水稻栽培技术、水产养殖技术、茬口衔接技术、施肥技术、病虫草害防控技术、水质调控技术、田间工程技术、捕捞加工技术、质量控制技术等关键技术构成；技术评价由水稻测产方法、经济效益评估、生态效益评估、社会效益评估等构成；技术应用由技术管理、公共服务、产业环境监督、技术保障等构成（图 1-1）。

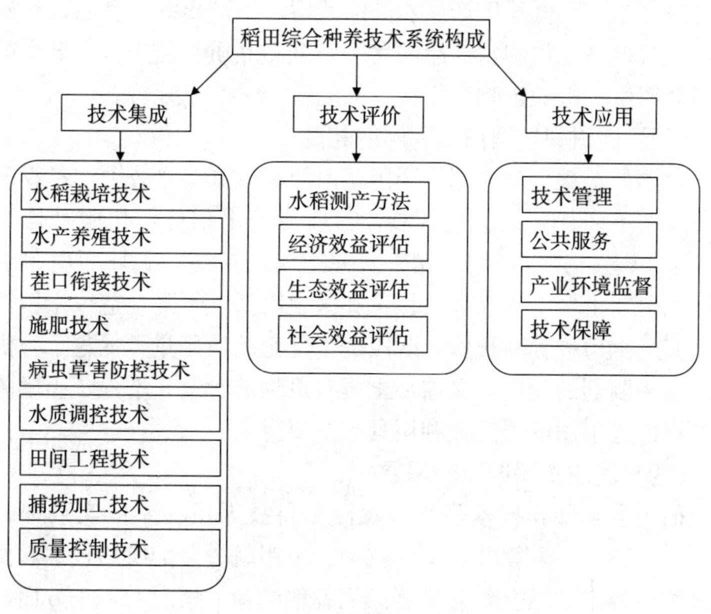

图 1-1　稻田综合种养技术系统构成

二、发展稻田综合种养的意义

（一）保障粮食安全的需要

粮食安全是关系经济发展和社会和谐的大局，也是我国最大的民生问题。但是目前我国种粮比较效益低，农民种粮积极性不高。如何提高种植业的经济效益，稳定粮食生产，已经成为各级政府领导关心的热点。推广稻田生态种养技术，既可以在不显著增加投入的情况下促使稻谷稳产或增产，又可以在省工、省力、省饵的条件下收获相当数量的水产品，对调动农民种粮积极性、稳定水稻生产具有重要意义。

（二）保障食品安全的需要

水稻是我国的主要粮食作物，稻谷卫生品质与安全质量是人们普遍关心的问题。稻田生态种养技术可显著减少稻田中各类农药和化肥的使用，降低稻田产品农药的残留，生产出绿色食品、有机食品，这对提高水稻和水产品的食用安全和品质、促进百姓健康等方面都会产生积极的影响。

（三）促进耕地可持续利用的需要

我国是水稻生产大国。全国稻田面积约 0.3 亿公顷，是我国粮食安全的重要保障。但据调查，目前我国水稻使用化肥平均每亩 25 千克以上。大量使用化肥，致使土壤团粒结构破坏而引起土壤板结，引发土壤中有机物质含量和微生物活性下降，造成土壤贫瘠化。实施稻田种养新技术，既减少了化肥的使用量，促进了有机肥和微生物制剂的使用，又增加土壤有机物的含量，增强了土壤的肥力，对促进稻田的可持续利用具有重要意义。

（四）促进农民增收的需要

稻田生态种养技术是我国农民和科技人员在生产实践中的创造，是一种“一看就懂、一学就会、一用就灵”的实用技术，而且稻田种养技术的综合效益显著。从各地试验的情况看，一方面，水产养殖实现了增收；另一方面，节约了种稻农药和化肥的成本，提高了水稻的品质，提升了稻田生产的规模化、产业化水平，稻谷价格也可以卖得更高，实现了稳产增收。

（五）改善农村环境卫生的需要

稻田是蚊子的孳生地。稻田中养殖河蟹、小龙虾、鱼类，可以清除蚊子幼虫——孑孓，这对抑制农村疟疾病的流行将发挥重要作用。此外，河蟹、小龙虾还能大量消灭稻田中的螺类，特别是钉螺，从而大大减少血吸虫病的中间媒介，有利于南方血吸虫病的防治，改善农村卫生条件。

（六）实现资源节约型、环境友好型社会的需要

稻田生态种养技术，稻田少施或不施化肥与农药，不仅能节省种水稻的开支，还能生产出绿色或有机的稻谷与水产品，更重要的是减少甚至消除稻田中化肥与农药的污染，大大改善生态环境，从真正意义上实现资源节约与环境友好的目标。农田中生物多样性的布局与实施，不仅是病虫草害生态防控的需要，也是维持生态系统稳定性的重要机制保障。

三、稻田综合种养的发展历程及现状

（一）我国稻田综合种养的发展历程

稻田综合种养的最早形态是稻田养鱼。它是我国传统的特色农作模式，早在2000多年前我国就有关于稻田养鱼的记载。但千百年来，这种人放天养、自给自足的粗放生产模式只有在我国东南、西南、华南的丘陵山区缓慢发展。新中国成立以后，随着我国的逐步重视，稻田养鱼的内容不断丰富，逐步形成了稻田综合种养的新模式。主要经历了以下发展阶段：

1. 恢复发展期（1949年至20世纪70年代末）

新中国成立以后，稻田养殖得到了我国水产部门的高度重视。1954年，第四届全国水产工作会议号召在全国发展稻田养鱼。1958年，全国水产工作会议将稻田养鱼纳入农业规划，推动了我国稻田养鱼的迅速发展。至1959年，全国稻田养鱼面积超过

66.67 万公顷。但这一时期，稻田养鱼技术仍沿袭传统的粗放粗养模式，单产和效益均较低。

2. 技术形成期（20 世纪 70 年代末至 90 年代初）

20 世纪 70 年代，我国稻鱼共生的理论体系不断完善。1981 年，中国科学院水生生物研究所倪达书提出了“稻鱼共生”理论，促进了稻田养鱼技术向深度发展。1984 年，国家经济委员会将“稻田养鱼”列入新技术开发项目，在全国 18 个省（自治区、直辖市）推广。1987 年，稻田养鱼技术推广纳入了国家农牧渔业丰收计划和国家农业重点推广计划。90 年代末，农业部先后组织召开了 5 次全国稻田养鱼经验交流会和现场会。这一时期，稻田养鱼技术不断完善，稻田养鱼由依靠稻田中天然饲料，发展到结合人工投喂饲料，单产水平大大提高。1994 年，全国 21 个省（自治区、直辖市）发展稻田养鱼面积达 85 万公顷。全国平均单产水平达到每亩水稻 500 千克、成鱼 16.2 千克。

3. 快速发展期（20 世纪 90 年代中期至 21 世纪初）

农业部进一步加大扶持力度，1994 年 9 月第三次全国稻田养鱼现场经验交流会上，农业部常务副部长吴亦侠指出：发展稻田养鱼不仅是一项新的生产技术措施，而且是农村中一项具有综合效益的系统工程，既是抓“米袋子”，又是抓“菜篮子”，也是抓群众的“钱夹子”。1994 年 12 月，经国务院同意，农业部印发了《关于加快发展稻田养鱼，促进粮食稳定增产和农民增收的意见》，促进了稻田养鱼的快速发展。养殖技术不断创新，单产水平提高，“千斤稻百斤鱼”已形成一定规模。全国稻田成鱼单产水平达到每亩 40 千克。到 2000 年，我国稻田养鱼发展到 133.33 万公顷，为世界上稻田养鱼规模最大的国家。

4. 转型升级期（21 世纪初至今）

进入 21 世纪后，随着我国经济快速发展和人民生活水平的提高，生产者对单位面积土地产出以及食品优质化的要求不断提高。传统的稻田养鱼技术，由于品种单一、经营分散、规模较小、效益较低，越来越难以适应新时期农业农村发展的要求，发展一度处于减缓、甚至停滞倒退的状态。2007 年，党的十七大以后，随着我国农村土地流转政策不断明确，农业产业化步伐加快，稻田规模经营成为可能。各地纷纷结合实际，探索了稻-鱼、稻-蟹、稻-虾、稻-鳅、稻-鳖、稻-蛙等新模式和新技术，并涌现出一大批以特种经济品种为主导，以标准化生产、规模化开发、产业化经营为特征的百公顷甚至千公顷连片的稻田综合种养典型，传统的稻田养殖逐步发展成为稻田综合种养新模式，取得了显著的经济效益、社会效益、生态效益，这些稻田综合种养新模式、新技术得到了各地政府的高度重视和农民的积极响应。目前，稻田综合种养这一具有“稳粮、促渔、增效、提质、绿色、生态、环保、可持续”等多方面功能的现代农业发展新模式，在各地掀起了新一轮发展的热潮。

（二）我国稻田综合种养的发展现状

2012 年，农业部在 13 个省（自治区、直辖市）组织实施了稻田综合种养技术示范项目。从示范区情况看，水稻亩均产量稳定在 500 千克左右，增收 100%以上，稻田农药和化肥使用量平均减少 50%以上。目前，已集成了稻-蟹、稻-鳖、稻-虾、稻-鱼、稻-鳅等五类 24 个典型稻田综合种养模式，集成创新了九大类 20 多项配套关键技术；建立核心示范区 87 个、面积 11.64 万亩，辐射示范带动 774.88 万亩；培育核心示范户 1 853 户、合作经济组织 275 个；创建稻米品牌 30 个、水产品牌 21 个，取得显著的成效。

近年来，农业部也高度重视稻田综合种养的发展。2007 年，“稻田生态养殖技术”被选入 2008—2010 年渔业科技入户的主推技术。2011 年，农业部渔业局将发展稻田综合种养列入了《全国渔业发展第十二个五年规划（2011—2015 年）》，作为渔业拓展的重点领域。2012 年起，农业部科技教育司连续两年、每年安排 200 万元专项经费用于“稻田综合种养技术集成与示范推广”专项，启动了公益性行业专项“稻-渔”耦合养殖技术研究与示范。同时，各地加大了稻田综合种养发展的扶持力度。2010 年，浙江省海洋与渔业局组织实施了“养鱼稳粮工程”，并列入浙江省农业重点工程；湖北省将稻田综合种养列入当地现代农业发展规划，进行重点扶持；宁夏回族自治区稻蟹生态种养作为自治区主席工作一号工程，在全区大面积推广。

在农业部和各地政府部门的大力推动下，目前各地已集成创新并示范推广了“稻鳖共作＋轮作”“稻虾连作＋共作”“稻蟹共作”“稻鱼共作”“稻鳅共作”五类主导模式，在浙江、湖北、辽宁、宁夏、安徽、江西、四川等省（自治区），建立稻田综合种养技术核心示范区 8 万多亩，推广面积 200 多万亩，形成了 20 多种具有代表意义的典型模式。如浙江德清的“稻鳖共作＋轮作”，在原养鳖池中种植水稻，实现了生态避虫减害，鳖和水稻病害大幅度减少，亩均新增水稻 500 千克以上，并形成了清溪大米、清溪花鳖等品牌和相关龙头企业及合作经济组织，亩均效益超过 20 000 元；湖北潜江的“稻虾连作＋共作”，利用冬季稻田空闲期，蓄水养殖小龙虾，以小龙虾出口产业带动稻虾连作的千亩连片开发，在不影响水稻生产的基础上，亩均增效千元以上，并促进了秸秆还田和地力恢复；辽宁盘山的稻蟹共作，实现了水稻亩产超过 500 千克，河蟹产值超过 1 000元的“双千”目标，并减少了农药和化肥的使用，提高了稻米的品质；宁夏回族自治区的稻蟹共作，实现了万亩稻田的连片开发，不仅实现了稻田的稳产增效，也提升了当地的蓄水抗旱能力。

（三）国外稻田综合种养发展情况

据报道，稻田养鱼在东南亚地区有 6 000 年的历史，在日本稻田养鱼约有 100 年历史；20 世纪初，印度、马达加斯加、俄国、匈牙利、保加利亚、美国以及一些亚洲国家都进行了稻田养鱼，在印度尼西亚、马来西亚、菲律宾和印度较为盛行。目前，在埃及、印度、印度尼西亚、泰国、越南、菲律宾、孟加拉国、马来西亚、日本等国家都有稻田养鱼模式分布。

四、稻田综合种养发展的趋势特征

稻田综合种养是在继承原有稻田养殖经验和技术基础上，通过技术和管理创新带动而产生的一种现代农业新模式。该模式以提高水稻种植积极性、稳定提高稻田的产量和质量为生产前提；以促进物质在稻田生态系统内的循环和互补利用为技术手段；以提高综合效益和增加农渔民收入为根本目的；以资源节约、环境友好、食品安全、持续发展为重点导向。

与传统稻田养鱼相比，近年来，稻田综合种养发展呈现如下趋势性特征。

（一）规模化

传统的稻田养鱼多是一家一户的分散经营，难以解决稻田中鱼、虾、蟹的防逃、防盗以及病虫害的统防统治等一系列问题，难以开展机械化生产，综合效益不高。近年来，随着农渔民生产组织化程度的提高和参股、租赁、托管等土地流转制度的创新，稻田养鱼连片作业和规模化生产成为新的发展趋势，生产的规模效益显著提升。

（二）特种化

传统的稻田养鱼养殖品种比较单一。近年来，随着稻田养殖模式的不断创新，蟹、虾、鳖、泥鳅、黄鳝等名特优养殖品种成为稻田养殖的主养品种，一批适应于稻田综合种养的水稻新品种也在开发中。

（三）产业化

传统的稻田养鱼只注重生产环节。近年来，稻田综合种养采用了“种、养、加、销”一体化现代管理模式。稻田中水稻和水生经济动物生产朝着绿色、有机方向不断发展，稻田产品的品牌效益提升，进一步提高了稻田综合种养的效益。

（四）标准化

随着稻田养鱼模式的创新以及规模化、产业化深入，一些新工程、工艺、技术方面都取得了创新成果，田间工程、养殖技术日益规范化，各地制定了一大批地方标准或生产技术规范。

五、稻田综合种养的发展前景分析

从资源条件看，目前我国水稻种植面积约 4.5 亿亩，而目前使用新型稻田综合种养技术的仅700多万亩，不到水稻种植总面积的2%。据研究，我国水网稻区、冬闲田稻区等稻作区，都适宜发展稻田综合种养。另外，从政策环境看，2011年农业部将发展稻田综合种养列入了《全国渔业发展第十二个五年规划（2011—2015年）》，作为渔业拓展的重点领域，农业部科技创新项目及推广项目对该技术的扶持力度还将不断增大。因此可以预见，稻田综合种养在我国将有广阔应用前景。近年来，随着我国现代农业建设的不断深入，农业技术创新和管理创新的步伐加快，稻田综合种养呈现出向产业化方向加快发展的趋势。

第二章 稻田综合种养发展的资源条件

第一节 稻田资源

一、稻田资源的分布特点

我国耕地（种植农作物的土地）面积2011年为1.22亿公顷，其中，水田（用于种植水稻、莲藕等水生农作物的耕地）4 976万公顷。水稻是我国的主要粮食作物，2000年，水稻播种面积29.962×10^6公顷，占粮食播种面积的27.6%；稻谷产量18 791万吨，占粮食产量的40.7%。2009—2011年，每年水稻种植面积约2 970万公顷。我国除青海外，均有稻田资源的分布，但稻田主要集中分布在东北、华南、华中和西南地区（表2-1），这些地区的夏季，有效积温、日照条件均有利于水稻生产（表2-2）。在夏季，水资源的分布是水稻生产的主要制约因素，我国夏天降水分布不均，华南、华中、西南和东北降水量大；而华北和西北降水量较少（表2-3），这两个区域的水稻生产对水的需求需要通过灌溉得到满足。从表2-3可见，华北和西北区域的有效灌溉面积都较大。

表2-1 中国水稻种植面积的分布*

包括的省份	水稻面积（万公顷）
福建、广东、广西、海南	524.66
上海、江苏、浙江、安徽、河南、湖北、湖南、江西	1 747.55

（续）

包括的省份	水稻面积（万公顷）
云南、贵州、四川、青海、西藏、重庆	442.715
河北、山东、山西、天津、北京	23.11
黑龙江、吉林、辽宁	394.885
新疆、甘肃、内蒙古、宁夏、陕西	37.66

* 数据来源于《中国农业年鉴》（2010—2012）。

表 2-2 水稻生长季节温光源的分布*

包括的省份	≥10℃的年积温（℃）
福建、广东、广西、海南	6 500～8 000
上海、江苏、浙江、安徽、河南、湖北、湖南、江西	4 500～6 500
云南、贵州、四川、青海、西藏、重庆	3 000～6 000
河北、山东、山西、天津、北京	3 500～4 500
黑龙江、吉林、辽宁	2 000～3 500
新疆、甘肃、内蒙古、宁夏、陕西	2 200 ～4 000

* 数据来源于《中国气象年鉴》（2010）。

表 2-3 水稻生长季节水资源的分布*

包括的省份	降水量（毫米）
福建、广东、广西、海南	1 200～2 400
上海、江苏、浙江、安徽、河南、湖北、湖南、江西	750～2 000
云南、贵州、四川、青海、西藏、重庆	850～1 400
河北、山东、山西、天津、北京	400～800
黑龙江、吉林、辽宁	300～1 000
新疆、甘肃、内蒙古、宁夏、陕西	30～600

* 数据来源于《中国气象年鉴》（2010）。

二、水稻不同种植区域稻田资源的综合评述

水稻属喜温好湿的短日照作物。影响水稻分布和分区的主要生态因子：①热量资源一般≥10℃积温 2 000～4 500℃的地方适于种一季稻，4 500～7 000℃的地方适于种两季稻，5 300℃是双季稻的安全界限，7 000℃以上的地方可以种三季稻；②水分影响水稻布局，体现在“以水定稻”的原则；③日照时数影响水稻品种分布和生产能力；④海拔高度的变化，通过气温变化影响水稻的分布；⑤良好的水稻土壤应具有较高的保水、保肥能力，又具有一定的渗透性，酸碱度接近中性。

丁颖以地区生态条件、种植制度和稻种类型三者结合的方法，将我国划分为 6 个稻作带、8 个稻作区，并编入 1961 年出版的《中国水稻栽培学》，为我国稻作区划奠定了基础。1988 年，中国水稻研究所根据稻作生产和研究工作的进展，在原有 6 个稻作带的基础上，把原依行政区域分带改为按自然生态和经济技术条件的地域特点分区，修正了各区的分界线和命名，并充实了一些生态描述，划分了 6 个稻作区、16 个稻作亚区。

（一）华南湿热双季稻作区

本区位于南岭以南，包括云南省西南部，广东、广西两省（自治区）的中部、南部，福建省东南部，台湾省以及我国南海诸岛屿。稻田多分布在沿海和江河沿岸的冲积平原，以及丘陵山区和山间盆地。广东省的珠江三角洲、韩江平原、鉴江丘陵、雷州台地；福建省沿海的福州、漳州、泉州、莆田平原；广西壮族自治区的西江沿岸和云南省澜沧江、怒江下游，台湾省西部平原，都是稻田较集中的地带。本区稻田约占全国稻田面积的 17%，稻谷产量约占全国稻谷总产量的 16%，均居全国第二位。

本区属热带和南亚热带湿润季风气候，高温多湿，水、热资源丰富，为全国之冠。稻作期间日平均气温 22～26℃；日较差 5.4～8.1℃；≥10℃的积温 6 500～8 000℃。稻作生长季达 260 天以上，

山区比同纬度平原短 5～10 天。早稻安全播种期：粳稻 2 月中旬至 3 月上旬，籼稻 2 月下旬至 3 月中旬；海南岛南部为 12 月播种，全年都能种稻，是我国水稻育种加代扩繁的重要基地；丘陵山地随海拔每增高 100 米，播种期推迟 3～7 天。晚稻安全齐穗期：粳稻 10 月上旬至 10 月底，籼稻 9 月下旬至 10 月中旬；丘陵山地随海拔每增高 100 米，提早 2～5 天。稻作期间总日照时数 1 400～2 000小时，日照百分率 40%～60%，且由南向北递减；光合辐射总量 167.36～209.2 千焦/厘米^2，由南向北、自东到西递减，海南岛为全国最高值。稻作季节雨量充沛，总降水量 1 100～1 600 毫米，但时空分布不匀，丘陵台地有明显春、秋干旱。土壤多为冲积土、砖红壤、赤红壤等发育而成的水稻土。河流三角洲和河谷平原，土壤多为深软肥沃的泥肉田；丘陵山地多黄泥田，具有酸、黏、瘦的缺点；山区多冷浸田；滨海地区分布有既具咸性又有强酸性咸酸田。种植制度以双季稻为主，占稻田面积的 80%以上。海南岛南部的陵水、崖县有少量三季稻和冬稻种植。稻田复种轮作方式，有以双季稻与冬作物复种的一年三熟制；有单季稻与旱作物（甘薯、大豆、花生、甘蔗、黄麻等）复种的一年二熟制；有稻作与旱作实行年间轮换的水旱轮作制。稻作品种以籼稻为主，山区和台湾省有粳稻种植。本区常有早稻播种和开花期间的低温阴雨，晚稻出穗、灌浆期的“寒露风”，春、秋干旱，夏季台风暴雨以及交替出现的病虫为害。因此，在栽培技术上，一般围绕多熟高产的要求，合理安排早、晚稻品种，选用抗病强、不易落粒的矮秆高产品种，以防避自然灾害；在水旱轮作中，插种豆科和绿肥作物，以培养地力。

（二）华中湿润单、双季稻作区

本区位于淮河、秦岭以南，南岭以北，包括江苏省、安徽省的中部、南部，河南省、陕西省的南缘，四川省东半部，浙江、湖南、湖北、江西诸省及上海市的全部，广东和广西两省（自治区）北部，福建省的中部、北部。稻田多分布在江河、湖泊沿岸的冲积平原和丘陵以及山间盆地，如太湖平原、鄱阳湖平原、洞庭湖平原及江汉平原、成都平原，都是全国著名的商品稻米产区。本区稻田约占中国稻田面积的 65.5%，稻谷产量约占全国稻谷总产量的 66%，均居全国首位。

本区属中亚热带和北亚热带湿润季风气候，温暖湿润，四季分明。稻作期间日平均气温 21～25℃，日较差 6～10℃；≥10℃积温 4 500～6 500℃，由南而北递减，东西差异不大；四川盆地南部积温稍多于同纬度的长江中、下游地区；丘陵山地海拔每升高 100 米，积温减少 100℃左右。稻作生长季为 200～260 天，丘陵山地短于同纬度平原。早稻安全播种期：粳稻 3 月中旬至 4 月上旬，籼稻 3 月下旬至 4 月中旬，由北而南逐渐提早；丘陵山地随海拔每增高 100 米，推迟 3～4 天。四川盆地因有秦岭、大巴山对寒流的阻挡，春温回升早于东部沿海地区，早稻播期比同纬度长江中、下游地区要早 10～15 天。晚稻安全齐穗期：粳稻 9 月中旬至 10 月上旬，籼稻 9 月初至 9 月下旬，四川和汉中盆地比同纬度平原提前 5～10 天。稻作期间日照总时数 900～1 600 小时，以四川盆地最少；日照百分率 30%～50%，北多南少，沿海又少于内陆。稻作期的光合辐射总量 125.52～200.83 千焦/厘米^2，四川盆地则约在 125.52 千焦/厘米^2。沿海与山地丘陵因云雨较多，总辐射量偏少。稻作生长季节总降水量为 750～1 300 毫米，北少南多，差异较大。平原为冲积土，其中，长江中、下游的鳝血土较肥沃；低洼湖荡的青紫泥养分丰富，但有效肥力低。丘陵山地多由红壤、黄壤发育而成的水稻土，土质黏性大，有机质含量低，酸性强。丘陵地区的梯田和冲田，还有马肝土，有机质含量中等，而钾素丰富。低洼地区地下水位高，土壤次生潜育化严重。种植制度为单季稻、双季稻的过渡地带。北部沿淮和鄂北一带，由于温度条件差，为单季稻区；中部的苏南、浙北平原、皖中平原、鄂中丘陵平原、汉中盆地及四川盆地一部分为双季稻与单季稻混栽地区；再向南移，双季稻面积显著增多。丘陵山区的种植制度，因地域和海拔不同而有差异。中部丘陵山区（浙北、皖南）海拔在 300 米以下，南部（福建）在 500 米以下，一般都可种双季稻。品种以籼稻占多数，杂交籼稻占有很大比重。太湖平原的单季稻和双季晚稻采用粳稻。本区由于气候的不稳定性，水、旱、风、雹及高、低温等逆境气候多有发生。同时，病虫害种类多，常在生产上造成损失。在栽培技术上，针对三熟制带来季节紧、地力消耗大、灾害机遇多的特点，建立了一套缓和季节矛盾、用地与养地相结合以及防避自然灾害的农业技术体系，包括合理搭配品种、适期播种、培育壮秧、加强肥水管理、合理轮作等措施。

（三）华北半湿润单季稻作区

本区位于秦岭、淮河以北，长城以南。包括辽宁省的辽东半岛，天津、北京两市，河北省的张家口至内蒙古自治区多伦一线以南部分，山西省全部，陕西省秦岭以北的东南大部分，宁夏回族自治区的固原以南的黄土高原，甘肃省兰州以东，河南省中北部，山东省全部，以及江苏、安徽两省的淮北地区。稻田主要分布在渤海湾沿岸，河北和河南两省的沙、汝、颍、洪四河与黄河沿岸的低洼地区，山东省济宁、菏泽的滨湖低洼地区和临沂地区，江苏、安徽省的淮北平原及河湖低洼地区，陕西与山西省的渭、汾河及其支流沿河洼地，甘肃省东部和宁夏回族自治区南部黄河及其支流的沿岸洼地与平原区。稻田面积约占全国稻田面积的8%，稻谷产量约占全国稻谷总产量的8%。

本区属暖温带半湿润季风气候。稻作期间日平均气温19～23℃，东部高于西部，南北差异较小；日较差10～14℃；≥10℃的积温为3 500～4 500℃，自南向北、由东向西逐渐减少，西部高原不足4 000℃，辽东半岛也只有3 500℃左右。春季温度回升较慢，秋季气温下降快，对稻作生产不利。稻作生长季为140～200天，华北北部长于西北部和辽东半岛。本区以粳稻为主，安全播种期为4月10～25日，其中，华北平原4月10日前后，西部高原4月下旬，辽东半岛4月20日前后；安全齐穗期，西部自8月上旬至8月中旬，辽东半岛和华北平原8月中旬。稻作期间日照时数为1 200～1 600小时，日照百分率46%～60%，以华北平原为多。稻作生长季的光合辐射总量为146.44～175.73千焦/厘米^2，自西向东逐渐增大，海河一带为本区的高值区。稻作期间降水量一般为400～800毫米，东南多于西北，西部的兰州只有288毫米。降水季节分布不匀，春雨特少，主要集中在6～8月，年际变率较大，多雨年平原洪涝成灾，少雨年干旱严重，致使稻作面积难以稳定。土壤是由草甸土、盐碱土，部分为褐土、栗钙土等发育而成的水稻土。其淋溶作用小，富含速效性矿物质养分。但因蒸发强烈，低地表土极易泛盐。陕西省关中及山西省汾河下游冲积平原，土壤疏松肥沃。种植制度以单季稻为主，淮北平原、海河地区多以一熟稻和麦稻两熟搭配种植；辽东半岛以一季中粳为主。品种在北部以早熟或中熟中粳为主，南部地区采用中籼、杂交籼稻。在栽培技术上，针对水量不足、后期低温出现早的特点，采用水稻旱种湿土栽培等节水技术，并严格掌握安全齐穗期，防避冷害；同时加强前期培育，防止后期早衰，以充分利用夏季光温条件。

（四）东北半湿润早熟单季稻作区

本区位于辽东半岛西北，长城以北，大兴安岭以东地区。包括黑龙江省东部，吉林省全部，辽宁省的中北部。稻田多分布在河流沿岸地带，如辽宁省的辽河中下游平原和东北部山区，吉林省中部的松花江平原和西部的东辽河平原以及东部延边地区的河谷地带，黑龙江省的松花江中、下游平原，牡丹江的半山区、铁（铁力）延（延寿）山边地区，黑河沿岸等地方。稻田面积约占全国稻田面积的2.5%，稻谷产量约占全国稻谷总产量的3.0%。本区单产较高，米质优良，是商品优质米产区和基地之一。

本区属中温带和寒温带半湿润季风气候，夏季温和湿润，冬季严寒漫长。稻作期间日平均气温17～20℃，日较差12℃左右；≥10℃积温小于3 500℃，黑龙江省北部只有2 000℃。稻作生长季110～160天，为全国最短。安全播种期自南向北为4月25日至5月25日；安全齐穗期为7月20日至8月15日。稻作生长期总日照时数1 000～1 250小时，日照百分率55%～60%，吉林省延边不足1 000小时，日照率仅有47%；光合辐射总量

100.42～146.44 千焦/厘米²，自北向南递增。降水量只有 300～600 毫米，西部少于东部，水分条件乃是稻作生产的主要限制因子。土壤多为草甸土、沼泽土、白浆土、盐碱土等发育而成的水稻土。草甸土、沼泽土分布在平原，土层深厚，自然肥力高；白浆土肥沃度较差。种植制度均为一年一熟的单季早粳稻。栽培方法已由直播向育苗移栽演变。品种为早熟早粳稻，南部为中、迟熟类型，北部为特早熟类型。本区的低温冷害、秋涝春旱和稻瘟病等自然灾害，是使稻作生产不稳的主要因素。在栽培技术上，从防御低温冷害出发，选用耐冷早熟高产品种；采用保温育苗，提早播栽期，以避过后期冷害；加强前期培育，使能充分利用夏季优越的光温条件；运用农业机械及时收获。

（五）西北干燥单季稻作区

本区位于大兴安岭以西，长城、祁连山、青藏高原以北地区。包括黑龙江省大兴安岭以西，内蒙古自治区全境，甘肃省西北部，宁夏回族自治区的大部，陕西省北部，河北省北部，新疆维吾尔自治区全部。稻田主要分布在靠近水源而便于引灌的平地，因而形成大小不等分散的稻区，如甘肃省的河西走廊，内蒙古自治区的河套平原，宁夏回族自治区的银川平原，新疆维吾尔自治区的山麓泉水溢出地带和沿河洼地，包括北疆的米泉、玛纳斯河湾、阿勒泰和南疆的焉耆、库尔勒、库车和阿克苏等地。稻田面积约占全国稻田面积的 0.5%，稻谷产量约占全国稻谷总产量的 0.4%。

本区属中温带大陆性干燥气候，降水稀少，气温变化剧烈，但日照充足，光能资源丰富。稻作期间日平均气温 18～22℃，日较差是全国最大值区，达 11～14℃，有利光合物质积累。≥10℃积温 2 200～4 000℃。稻作生长季短，为 120～180 天，自北向南逐渐增加。安全播种期为 4 月 15 日至 5 月 5 日；安全齐穗期地区差别很大，北疆 7 月中旬至 8 月初，南疆可到 8 月中、下旬，河西走廊与银川平原 7 月下旬至 8 月上旬。稻作生长季日照时数为 1 350～1 600 小时，日照百分率除南疆的于阗、和田外，均在

65%～70%，为全国最高值区；光合辐射总量为30～40千焦/厘米^2，北部又比南部大。稻作生长季节降水量仅30～350毫米，为全国最少，其中又以南疆最少；东南部高原雨量略多，为200～350毫米。水源不足、霜冻早，是限制稻作生产的主要因素。但光照条件好，昼夜温差大，有利于光合物质积累，易获高产。土壤多为草甸土、沼泽土、盐碱土发育而成的水稻土。河西走廊、银川平原多为淤灌土，经长期耕作，土壤肥力有所提高。种植制度以单季稻为主，部分地区也发展了稻麦两熟，或稻、麦、旱秋作物轮换的两年三熟。稻作品种类型较多，河西走廊、银川平原以生育期140天的中熟早粳为主；北疆以生育期120～130天的早熟早粳为宜；南疆可用160～170天的早熟中粳。栽培技术是以水定稻，节约用水；选用耐寒、耐旱早粳品种，以防冷害旱害；采用保温育秧，延长生育期；早栽早管，促早发早熟，使能充分利用优越的光能资源。

（六）西南高原湿润单季稻作区

本区位于中国大陆西南部。包括贵州省大部，云南省中、北部，四川省北部的甘孜、阿坝，青海省以及西藏自治区的零星稻区。稻田主要分布在云贵高原海拔2 700米以下的河川谷地和山坡梯田。稻田面积约占全国稻田面积的6.5%，稻谷产量约占全国稻谷总产量的6.6%。

本区属亚热带和温带湿润和半湿润高原季风气候。气候类型呈明显的立体分布，2 800米以上地区已不能种稻。稻作期间贵州高原日平均气温18～24℃，日较差9～10℃，≥10℃积温3 700～5 100℃；云南高原日平均气温17～21℃，≥10℃积温3 000～6 000℃。云贵高原春季回暖虽较早，但夏季温度不足，秋冷早，稻作生长季只有190～220天，比同纬度华中稻作区少15～30天。贵州高原稻作安全播种期，粳稻3月底至4月初，籼稻4月中旬，比同纬度东部地区迟15～20天；晚稻安全齐穗期，粳稻9月10～20日，籼稻8月下旬至9月初，比同纬度东部地区提前15天左右。云南高原由于夏季温度偏低，秋季降温早，稻作安全播种期和安全齐穗期，分别比贵州高原推迟和提早 15 天左右。稻作期间总日照时数差异较大，贵州高原多云雾，光照不足，为 950～1 100 小时，日照百分率为 30%～38%，光合总辐射量为 83.68～125.52 千焦/厘米^2，为全国低值区；云南高原略高，日照总时数为 1 050～1 440 小时，光合辐射总量为 104.6～125.52 千焦/厘米^2；青藏高原与四川西南部高原山地，又多于云贵高原。稻作期间，大部分地区雨量充足，但时空分布不匀，春旱、伏旱、秋旱可在不同地区出现。贵州高原总降水量为 850～1 000 毫米，由南向北、自东向西明显递减，西部多春旱。云南高原，降水充沛，总降水量在 1 100 毫米左右，其地理分布，大致由北部中部向东、南、西三面递增；季节分配差异也很大，11 月至翌年 4 月为冬、春干旱季节，降水量仅占全年降水量的 15%，5～10 月为雨季，尤以 6～8 月为多，占全年雨量的 60%。藏南谷地雨量更少，仅 300～450 毫米，略多于西北稻作区，春旱是阻碍稻作生产的主要因素。土壤多由黄壤和红壤发育而成的水稻土。由于所处地形、母质不同，又可分为紫泥田、黄泥田、胶泥田和冷浸田等。紫泥田多分布在川西南谷地，土体结构好，肥力稳定。黄泥田主要分布在云南高原梯田，其中黄泥大土田，土壤肥沃，耕层深厚。种植制度一般以单季稻的稻麦两熟为主。云南高原农业的垂直分布明显，海拔 2 300 米以上的高寒地带，有少量一年一熟的单季早熟粳稻；海拔 1 400～2 300 米的中暖地带，多为一年一熟或一年两熟的单季中粳稻；1 400 米以下的低热区为一年两熟的单季中籼稻，间有部分双季稻，故有“立体”农业之称。贵州高原在海拔 800 米以下，可种植双季稻，并有较大面积的杂交稻。云南高原，稻作品种资源极为丰富，有世界稻种宝库之称。栽培品种按海拔高度形成自然的籼、粳分界线。海拔 2 000 米以上为粳稻区；1 750 米以下为籼稻区，介乎其间的为籼、粳混栽区。在栽培技术上，按照不同海拔高度，合理安排品种布局；选用耐阴、耐冷、抗病品种，以防御低温；重视冬水田，以解决春季插秧缺水困难。

第二节　品种资源

一、水稻品种

（一）中国水稻品种资源概况

栽培的水稻在植物学上属于禾本科稻属。目前，世界上稻属植物有20多个种，但栽培的只有两个种，即普通栽培稻和非洲光稃稻。普通栽培稻又叫亚洲栽培稻，叶片及颖壳上有茸毛，叶舌长而尖；非洲栽培稻叶舌短而圆，叶片及颖壳上无茸毛，称为光稃稻。两个物种之间杂交，F_1 代完全不育。普通栽培稻丰产性好，类型多，世界各地均有栽培；非洲光稃稻耐瘠薄，但丰产性差，只限于非洲一带栽培，逐渐为普通栽培稻取代。

水稻是人类的主要粮食作物。据报道，目前世界上可能超过14万个水稻品种。在我国，水稻是主要粮食作物，水稻栽培面积占世界稻作总面积的22.8%，稻米产量占世界总产量的37.4%。我国稻作有10 000多年的悠久历史，是全世界水稻栽培历史最悠久的国家之一。我国稻作分布范围广，东至东海之滨，西至云贵高原、甘肃西部、内蒙古西部和新疆，南至海南崖县，北至黑龙江漠河。在不同的复杂气候和土壤条件影响下，经过长期的自然演变与人工选择，形成了极其丰富的水稻遗传资源。截至2003年，我国共编目稻种资源77 541份，其中，各种类型所占百分比依次为：地方稻种（68.68%）、国外引进稻种（12.65%）、野生稻种（9.45%）、选育稻种（6.96%）、杂交稻“三系”资源（2.09%）、遗传标记材料（0.16%），在国家长期库中共保存稻种资源69 133份；其中，各种类型所占百分比依次为：地方稻种（71.38%）、国外引进稻种（12.16%）、野生稻种（8.09%）、选育稻种（6.52%）、杂交稻“三系”资源（1.54%）、遗传标记材料（0.18%）、其他（0.12%）。

水稻品种根据生态类型分有早籼、中籼、晚籼、早粳、中粳、晚粳、杂交稻、蓬莱稻、在来稻、野生稻、陆稻、深水稻、特种稻等；按米质分有籼米、粳米、糯米、黏米、紫米、黑米、红米、香米、药用米；按农艺性状分有矮源品种、多穗型品种、大穗型品种、大粒型品种、综合性状优良品种；按抗逆性分有耐寒品种、耐旱品种、耐盐品种、耐涝品种；按抗病虫性分有抗稻瘟品种、抗白叶枯病品种、抗纹枯病品种和抗虫品种。已找到13个稻瘟抗性基因，14个白叶枯病抗性基因，已相继发现抗褐飞虱5个、白背飞虱5个、黑尾叶蝉7个抗性基因。

丁颖将我国栽培稻进行系统分类，设立了五大生态型阶元：籼稻和粳稻、晚稻和早稻、水稻和陆稻、粘稻和糯稻。

1. 籼稻和粳稻

籼稻和粳稻属亲缘关系较远，在植物分类学上已成为相对独立的两个亚种。它们的划分主要是它们在形态和生理（温度适应性）上的明显差异来区分的（属于不同的温度生态型），如株叶形态特征、穗形、粒形、生理特征等。籼稻直链淀粉约20%，属中黏性。籼稻起源于热带亚热带，种植于热带和亚热带地区，生长期短，在无霜期长的地方一年可多次成熟。去壳成为籼米后，外观细长、透明度低。粳稻的直链淀粉较少，低于15%，种植于温带和寒带地区，生长期长，一般一年只能成熟一次。去壳成为粳米后，外观圆短、透明（部分品种米粒有局部白粉质，即存在垩白）。籼稻和粳稻是长期适应不同生态条件（尤其是温度条件）而形成的两种气候生态型，两者在形态、结构、生理特性及温度生态适应性方面都有明显差异。在世界产稻国中，只有中国是籼、粳稻并存，而且面积都很大，地理分布明显。籼稻主要集中于中国华南热带和淮河以南亚热带的低地，分布范围较粳稻窄。籼稻具有耐热，耐强光的习性，它的植物学特性为粒形细长，米质黏性差，叶片粗糙多毛，颖壳上茸毛稀而短以及较易落粒等，与野生稻类似，因此，推测籼稻是由野生稻演变成的栽培稻，是基本型；粳稻分布范围广泛，从南方的高寒山区，云贵高原到秦岭，淮河以北的广大地区均有栽培。粳稻具有耐寒、耐弱光的习性，粒形短圆，米质黏性较强，叶面少毛或无毛，颖毛密而长，不易落粒等特性，与野生稻有较大差异。因此，一般认为，粳稻是人类将籼稻由南向北、由低向高引种后，逐渐适应低温而诱导培育形成的变异型（2018 年 4 月 25 日，以中国科学家为首的国际合作团队，在著名学术期刊 Nature 上发表长篇论文，报道了根据 3 010 份亚洲栽培稻基因组研究的结果，指出籼稻和粳稻的独立多起源观点，而籼、粳稻独立起源早在 20 世纪中叶就由著名稻作学家周拾禄先生提出）。

2. 晚稻和早稻

籼稻和粳稻都有晚稻和早稻类型，它们主要区别在于栽培季节的气候环境不同，形成了对栽培季节的适应不同，属于不同的日长生态型，这与气温、日长和光照长度有关。早稻对光照反应不敏感，决定早稻整个生育期长短的最主要因素是温度，在全年各个季节种植时只要满足热量条件都能正常成熟；晚稻对短日照很敏感，严格要求在短日照条件下才能通过生育转换的光照诱导阶段，抽穗结实。晚稻和野生稻的光照长度需求很相似，是由野生稻直接演变形成的基本型，早稻是由晚稻在不同温光条件下分化形成的变异型。北方稻区的水稻属早稻。此外，晚稻生育季节气温由高到低，日长由长到短，光照由强到弱，风雨由多到少；而早稻恰好相反。

3. 水稻和陆稻

水稻和陆稻的区别在于两者对土壤水分条件的适应性（耐旱性）不同，是不同的水分生态型。水稻种在水田，陆稻种在旱地。水稻、陆稻形态上差异较小，生理上差异较大。水、陆稻均有通气组织，但陆稻种子发芽时需水较少，吸水力强，发芽较快；陆稻的茎叶保护组织发达，抗热性强；根系发达，根毛多，对水分减少的适应性强。陆稻可以旱种，也可水种，有些品种既可作陆稻也可作水稻栽培，但陆稻产量一般较低，陆稻逐渐为水稻所代替，北方稻区只有少量陆稻栽培。当然，不同水稻品种的耐旱性也是不同的，有些耐旱性较强的水稻品种也可以在无灌溉条件下栽培并取得较好产量，耐旱性水稻的生产力往往高于旱稻。

4. 黏稻和糯稻

黏稻和糯稻的区别在于它们米粒的淀粉结构不同，属于不同生化生态型。黏稻除含70%～80%的支链淀粉外，还含20%～30%的直链淀粉；而糯稻几乎全部为支链淀粉（直链淀粉含量一般在2%以下）。所以，胶稠度、糊化温度及食用品质不一样。糯稻比较黏，适合用来做糍粑、糯米酒等多种地方风味食品。

（二）稻田养殖系统中水稻品种的响应分析

稻田引进水产生物后，稻田系统将发生一系列变化（如养分投入和养分循环、生物之间的相互作用等），因而水稻在稻田种养系统中生长发育过程也将发生较大的改变，不同品种对稻田种养系统也产生差异。2006—2014年，浙江大学生态研究所陈欣、唐建军所领导的研究团队对不同水稻品种在稻鱼系统的表现进行了研究，发现水稻传统品种与现代品种性状有明显差异。从株高性状看，不同水稻品种的水稻株高依次为：红米＞芒谷＞晚粳＞杂交稻＞糯稻；从穗长性状看，不同水稻品种的水稻穗长依次为：杂交稻＞红米＞糯稻＞芒谷＞晚粳（图2-1）；从分蘖性状看，不同水稻品种的有效分蘖数依次为：芒谷＞杂交稻＞糯稻＞晚粳＞红米（图2-2）。

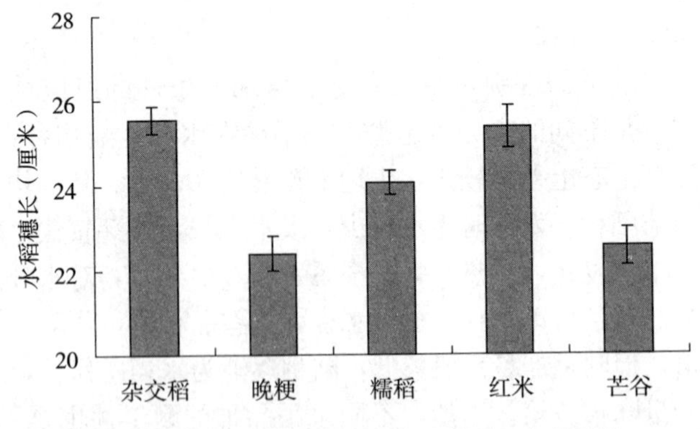

图2-1 传统品种稻田与现代品种稻田水稻穗长

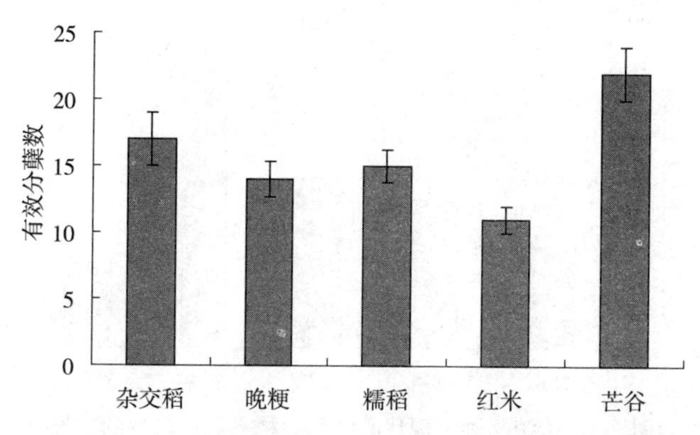

图 2-2　传统品种与现代品种稻田水稻有效分蘖数的差异

不同水稻品种的千粒重及产量不同（表 2-4）。在浙南山区栽培条件下，不同水稻品种的千粒重依次为：晚粳>杂交稻>糯稻>芒谷>红米；在未施用农药和化肥的稻鱼系统栽培条件下，不同水稻品种的产量依次为：芒谷>杂交稻>晚粳>糯稻>红米，且水稻每亩产量为芒谷 442.15 千克、杂交稻 384.94 千克、晚粳 343.09 千克、糯稻 306.90 千克、红米 210.28 千克。

表 2-4　稻-鱼系统中水稻性状及产量

性状	杂交稻	晚粳	糯稻	红米	芒谷
千粒重（克）	26.66	32.05	26.18	24.81	25.98
产量（千克/公顷）	5 729.1	5 146.4	4 603.5	3 154.2	6 632.3

表 2-5 表明，不同品种稻田杂草群落密度差异明显，传统品种红米试验小区的杂草密度最高，其次为糯稻田、晚粳田和杂交稻田，传统品种芒谷田无杂草发生。稻-鱼系统中，水稻的不同品种抗虫效果不一致。与现代品种杂交稻田相比，传统品种稻田的稻飞虱数量均较高。不同稻田稻飞虱数量依次为芒谷稻田>红米稻田>糯稻田>晚粳稻田>杂交稻田，分别依次比杂交稻田高 230.81%、101.65%、76.61%、21.25%（图 2-3）。

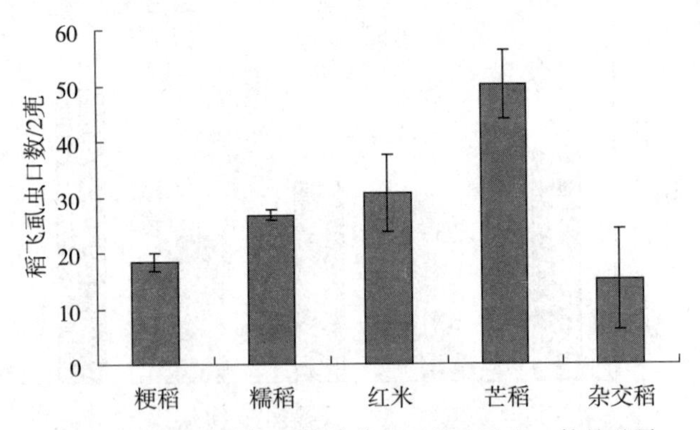

图 2-3　传统品种与现代品种稻田稻飞虱虫口数的差异

表 2-5　传统品种与现代品种稻田杂草密度的差异（株/米²）

调查日期（年-月-日）	现代品种	传统品种			
	杂交稻	红米	晚粳	芒谷	糯稻
2006-7-24	5	163	3	0	5
2006-8-18	2	96	7	0	8
2006-9-21	3	89	1	0	3

（三）稻田养殖系统中水稻品种的选择分析

稻田引进水产生物后，稻田系统将发生一系列变化（如稻田生态系统养分循环、稻鱼虫草病等稻田生物组分之间的相互作用等），因而水稻栽培过程（品种选择、育秧、栽插、水分和养分的管理）也将发生较大的改变。在品种选择上要从以下几个方面进行考虑：①根据不同区域选择水稻品种，如东北稻作区、西北稻作区宜选择温敏性的粳稻，华南稻作区宜选择籼稻，穗型上偏向建议大穗型类型，克服持续灌溉过程对水稻分蘖可能产生的不利影响；②选用抗倒伏品种，由于养鱼的田块建立水层时间长，加上鱼类在田间的活动，容易引起水稻倒伏，因此，要求在养殖田块栽植的水稻品种要茎叶粗壮，抗倒伏力强；③选择耐肥品种，实行养殖的稻田，由于饲料的投入和水产生物排泄物的排入，稻田养分含量较高，水稻容易“贪青”倒伏，因而宜选择耐肥品种；④选用抗病害品种，选用抗病害品种，可以免去或少用农药，减轻对鱼类的为害。此外，由于各地气候条件差异，适合水稻生长的时间长短不一，稻田条件也各有差异，适用的栽培技术也不尽相同（如是否采用两段育秧等）。因此，水稻品种的选择要灵活掌握。

二、水产养殖品种

（一）中国水产品品种资源概况

我国是世界第一渔业大国。目前，我国渔业已经发展成为一个由养殖、捕捞、加工、流通以及科研和教育相互配套的产业体系。2012年水产品总产量达5 603.21万吨，其中，养殖产量4 023.26万吨；渔业经济总产值达15 005.01亿元，其中，淡水养殖产值3 719.67亿元；水产品出口额达177.92亿美元，占我国农产品出口总额的29.30%（赵永锋等，2012）。

我国位于欧亚板块的太平洋西岸，幅员广阔，地理类型多样，农业历史悠久，大部分稻作区位于温带、亚热带和热带地区，南北跨越近40个纬度，气候资源差异大，适合于不同生态环境和水温要求的水生动植物的繁殖生长。在北方有哲罗鲑、细鳞鲑、乌苏里白鲑、黑龙江鲴鱼等冷水性鱼类；在南方有鲮等亚热带品种。还有高原湖泊的地方性鱼类，如青海湖的湟鱼、西藏的裸鲤。通海的大江及河口附近有溯河、降河的洄游性鱼类，如鳗、鲥、鲴、鲚、梭鱼、鲻，以及中华绒螯蟹等。在长江更有我国特产的中华鲟、白鳍豚等珍贵品种，在黑龙江、乌苏里江有鲑、鳇、鲟等。

据调查，全国淡水鱼共有500多种，其中，半数左右是具有经济价值的食用鱼类，常见和产量比较高的就有四五十种（蒋高中等，2008）。除传统饲养的鲢、鳙、青鱼、草鱼、鲤、鲮、鳊、鲫等淡水鱼类外，在引种与移植驯化方面，我国是世界上引种最多的国家之一。据不完全统计，20世纪60年代以来，我国已引进鱼类40余种、虾类8种，有的已形成产业化规模。在全国还较普遍发展了团头鲂、非洲鲫、胡子鲇、银鲤、白鲫和鲤的杂交种——丰鲤、荷元鲤、岳鲤等新的养殖种类。其中，团头鲂在60年代开始养殖和推广，70年代在全国进一步普遍养殖，由于其养殖上的优点，后来基本上取代了原来养殖的长春鳊。莫桑比克非鲫于50年代从国外引进，至70年代扩展到很多地区，70年代末又引进尼罗罗非鲫，因其个体较大，生长较快，逐渐取代了莫桑比克非鲫，广东则主要养殖这两种非鲫的杂交一代——福寿鱼。两栖胡子鲇从泰国引进后，在全国也较快推广养殖。东北银鲤和从日本引进的白鲫（大阪鲫）生长都比普通鲫快，个体也较大，因此各地都由养鲫改为养银鲤和白鲫。由于杂交鲤生长普遍较鲤快，不少地区已取代了鲤的养殖。此外，鳗鲡自70年代以来，开展池塘集约化养殖，产量得到大幅度提高。80年代又从国外相继引进露斯塔野鲮、大口黑鲈、淡水白鲳、斑点叉尾鮰等，通过试养证明都是优良的养殖对象，有的已在生产上发挥较大作用。鳜、黄鳝等经济价值较高的鱼类，开始了生产性养殖，长吻鮠养殖也获成功。罗氏沼虾引进我国后也逐渐成为重要养殖对象。此外，还开展鳖、龟、牛蛙、河蟹、克氏原螯虾等特种水产动物的养殖。在鱼类杂交育种方面也得到迅速发展，共进行了3个目、5个科、18个属、25个鱼种间的远缘杂交和8个鲤鱼种内经济杂交（丰鲤、荷元鲤、岳鲤、芙蓉鲤、三杂交鲤、颖鲤等），先后育成兴国红鲤、荷包红鲤、建鲤、高寒鲤、颖鲤抗寒品系和彭泽鲫、异育银鲫、松浦鲫等多个品种及其品系。

我国主要养殖的青鱼、草鱼、鲢、鳙“四大家鱼”和鲤、鲮、鳊、鲂、鲫等鱼类则遍布全国各地，这些鱼类食物链比较短，多属草食性、杂食性品种，饲料来源广，因此，历来是我国人工养殖的主要对象 。因上述品种养殖面积大、总量高，也被称大宗淡水鱼类。

（二）稻田养殖系统中水产品品种的选择分析

将水产动物引入稻田内，水产动物需要适应不同于池塘养殖的稻田生长环境，因而在引种过程中，专家组根据稻田的水位浅，水温、溶氧条件变化较大的特点，为稻田环境下开展水产经济动物的养殖确立了水产养殖品种选择的思路：①选择中下层栖息性、形体较小的品种或者以养殖较大型鱼类的1龄鱼为主。因为稻田的水位一般控制在15～30厘米，体型偏大的鱼类无法适应这种浅水环境。②选择能够适应较大温度变化和能较好适应低溶氧环境的品种。由于浅水的稻田水温对气温和日照的变化敏感，昼夜间水温变化剧烈。水稻封行后，闷热潮湿不通风的环境易使水体的氧气溶解量骤然下降，因此，要求所引入的水产品种具有对剧烈温度变化和低溶氧的较高耐受力。③选择生长周期短、生长速度快的品种。由于水稻移栽后的生育期大多不会超过150天，共生期短。同时为了便于生产上的操作，水产品需要在水稻收割前后收获，因此，选择的水产品需要在短暂的共生期内快速长成商品规格。④食性上以草食性、杂食性的水产动物为主。由于稻渔共生系统主要就是利用水产生物取食稻田内的天然饵料，从而达到高效的生产和环境友好效益，而稻田内的自然资源主要是生物量巨大的植物饵料（杂草、浮萍、浮游植物等）和品种丰富的动物性饵料（底栖动物、浮游动物、害虫等），因此，选择的水产生物应该具有取食这些天然饵料的能力。⑤经济价值高、产业化发展前景好的品种，如鳖、小龙虾、河蟹、泥鳅等。此外，由于各地的苗种资源和市场销售情况差异极大，因此在进行引种养殖时，需要因地制宜，综合考虑。

目前，稻田综合种养普遍引入的水产经济动物可分为鱼、鳖、蟹、虾四类。其中，鱼类主要包括田鱼、鲤、草鱼、鳊、鲫、鲢、鳙、罗非鱼，另外还有泥鳅、黄鳝等；鳖，一般以养殖中华鳖为主；蟹，一般以中华绒螯蟹的长江水系和辽河水系两个品种为主；淡水虾有克氏原螯虾、青虾和罗氏沼虾。

第三节　稻田综合种养潜力模型分析

一、稻田综合种养的分布与布局

改革开放30多年来，我国稻田养殖发展很快，到2010年全国稻田养殖面积达132.61万公顷，年生产水产品124.27万吨，占淡水养殖总产量的5.3%。全国稻田养殖主要分布在华中、西南和东北地区（表2-6），具有稻田养殖的历史，这些地区还是水稻重要基地，且水资源丰富，利于稻田养殖业的发展。

表2-6 稻田养殖面积的分布*

包括的省份	稻田养殖面积（万公顷）
福建、广东、广西、海南	7.087 75
上海、江苏、浙江、安徽、河南、湖北、湖南、江西	126.354 1
云南、贵州、四川、青海、西藏、重庆	58.775 65
河北、山东、山西、天津、北京	0.630 3
黑龙江、吉林、辽宁	12.519 05
新疆、甘肃、内蒙古、宁夏、陕西	0.242 4

* 数据来源于《农业渔业年鉴》(2011)。

目前，发展规模较大的模式主要有稻鱼、稻蟹、稻鳖和稻虾模式。其中，稻鱼模式的分布最广，面积最大，主要分布在华南、华中和西南地区，以山丘区梯田为主要分布区域。稻蟹模式主要分布在西北的宁夏和东北地区，稻虾和稻鳖在华中地区分布较广。另外，稻鳅模式在四川、重庆等地也在试验推广中，前景看好。

二、稻田综合种养的潜力模型分析

影响稻田生态种养潜力分析结果的因素很多，其中，稻作面积、气候条件以及水生生物的生物学温度为主要影响因素，可作为潜力分析的基础数据。本章依据官方公布的2010年省（自治区、直辖市）层面的稻作面积（表2-7）、气候资料（表2-8）以及每种水生生物的生物学温度三基点等，分析稻田资源的分布特点，并以此为基础数据，通过三重约束叠加模型，获得初步潜力分析结果。

表 2-7　2010 年各省份稻作面积

（单位：× 10³公顷）

省份	早稻播种面积	中稻和一季晚稻播种面积	双季晚稻播种面积	水田面积	水稻种植总面积
全国总计	5 795.8	17 851.8	6 225.7	23 647.6	29 873.3
北京		0.3		0.3	0.3
天津		15.8		15.8	15.8
河北		79.7		79.7	79.7
山西		1		1	1
内蒙古		92.2		92.2	92.2
辽宁		677.5		677.5	677.5
吉林		673.5		673.5	673.5
黑龙江		2 768.8		2 768.8	2 768.8
上海		108.5		108.5	108.5
江苏		2 233.1	1.1	2 233.1	2 234.2
浙江	117.6	647.9	157.7	765.5	923.2
安徽	263.4	1 702	280	1 965.4	2 245.4
福建	208	451.1	195.7	659.1	854.8
江西	1 401.1	391.9	1 525.5	1 793	3 318.5
山东		128.2		128.2	128.2
河南		628		628	628
湖北	358.6	1 262.4	417.2	1 621	2 038.2
湖南	1 360.5	1 228.4	1 441.6	2 588.9	4 030.5
广东	941.3		1 011.4	941.3	1 952.7
广西	964.8	149.9	979.7	1 114.7	2 094.4
海南	140.4		183.9	140.4	324.3
重庆		683.9		683.9	683.9
四川	1.2	2 002.6	0.7	2 003.8	2 004.5
贵州	0	695.8		695.8	695.8

（续）

省份	早稻播种面积	中稻和一季晚稻播种面积	双季晚稻播种面积	水田面积	水稻种植总面积
云南	38.9	951.9	30.2	990.8	1 021
西藏		1		1	1
陕西		121.6		121.6	121.6
甘肃		5.8		5.8	5.8
青海				0	0
宁夏		83.2		83.2	83.2
新疆		66.9		66.9	66.9

资料来源：《2011年中国农业统计年鉴》。

表 2-8　2010 年全国部分主要城市的月平均温度（单位:℃）

城市	1月	2月	3月	4月	5月	6月	7月	8月	9月	10月	11月	12月	年平均
海口	19.1	21.2	22.8	25.2	28.5	28.9	28.9	27.0	27.5	24.5	21.9	19.5	24.6
南宁	14.1	16.5	19.1	20.5	26.2	26.8	29.0	27.8	26.8	22.7	17.5	14.8	21.8
广州	14.7	16.5	19.2	20.3	26.0	26.8	29.6	29.3	28.0	24.0	20.3	15.7	22.5
成都	7.2	8.2	11.6	14.4	20.0	22.0	25.9	24.7	22.4	16.7	12.5	6.9	16.0
重庆	9.3	10.8	14.5	16.8	21.9	24.2	29.6	28.9	25.1	18.7	14.8	9.0	18.6
合肥	3.7	6.3	9.1	13.8	21.6	25.6	28.0	29.2	23.9	17.1	12.2	6.7	16.4
南京	3.6	6.0	8.6	12.8	21.1	24.8	28.3	29.7	24.2	17.1	11.9	6.5	16.2
武汉	4.2	6.6	10.4	14.8	21.5	25.2	28.5	28.6	24.1	16.7	11.9	6.4	16.6
长沙	6.6	8.7	12.5	15.8	22.4	25.3	30.4	30.0	25.2	18.2	14.4	9.1	18.2
南昌	6.3	9.3	12.3	15.5	23.0	25.0	30.4	30.7	26.4	19.0	15.0	9.0	18.5
福州	12.0	13.3	14.8	16.8	22.2	24.8	29.9	30.0	27.7	21.8	17.6	13.4	20.4
杭州	5.8	7.8	10.3	14.0	21.6	24.2	28.8	30.6	25.8	18.3	13.3	8.2	17.4
上海	5.3	7.5	9.3	12.8	20.8	23.8	28.9	30.7	26.2	19.2	14.0	7.9	17.2
昆明	11.1	13.3	15.9	18.5	21.7	20.9	21.4	20.8	19.9	15.1	11.8	9.5	16.7

（续）

城市	1月	2月	3月	4月	5月	6月	7月	8月	9月	10月	11月	12月	年平均
贵阳	6.4	7.7	11.6	13.4	18.4	19.5	23.6	23.1	20.2	14.1	11.0	6.7	14.6
郑州	1.1	3.7	8.9	14.3	22.4	27.5	28.8	26.3	21.7	16.0	10.9	5.5	15.6
济南	−1.1	2.6	6.1	12.5	22.4	25.8	28.2	25.1	21.3	15.3	10.3	3.2	14.3
石家庄	−2.6	1.0	6.3	12.4	23.2	27.0	29.4	26.0	21.1	14.7	7.5	1.9	14.0
天津	−5.5	−1.5	4.2	11.2	21.2	24.4	27.9	25.8	20.8	13.4	5.8	−1.8	12.2
哈尔滨	−17.1	−15.5	−7.2	4.0	16.0	25.5	23.4	22.0	16.5	6.4	−3.6	−16.3	4.5
沈阳	−12.6	−9.2	−1.6	6.4	16.4	23.0	24.5	22.8	17.6	8.3	1.0	−9.7	7.2
长春	−15.2	−12.9	−5.9	4.3	16.0	23.6	23.1	21.8	16.8	6.8	−2.5	−14.1	5.2
银川	−5.2	−2.8	4.5	9.7	17.7	23.2	25.7	22.8	17.3	10.6	3.6	−3.9	10.3

资料来源：中华人民共和国国家统计局。

如前所述，目前进行稻田综合种养的几种主要水生经济动物为鱼、鳖、蟹、虾四大类。下面借助于三重约束叠加模型方法，对这几种主要的稻田综合种养模式适宜推广的潜力进行分析。

（一）稻鱼模式推广潜力

稻鱼模式是国内推广时间最久、推广面积最大的模式。鱼是广温性生物，其对水温的耐受性上、下限很宽，所以我国各稻作区的水温对鱼类几乎没有限制。“凡水源充足，水质无污染，排灌方便，保水能力强，天旱不干，洪水不淹的早、中、晚稻田或冬囤水田、冬闲田、夏闲田、低洼田都能用作养鱼”。另外，我国中部和南部的水温多处在鱼类生长的最适温度范围内，所以稻田养鱼适宜在我国中部和南部推广；北方稻作区生长时间短，也可试行但放养量要稍减。所以，我国水稻种植面积基本上就是适合推行稻田养殖鱼类的面积。由表2-7公布的水稻种植面积可知，适宜稻田养鱼的稻田总面积为2 987.3万公顷。

（二）稻鳖模式推广潜力

中华鳖是喜温的暖狭温性动物，其对水温的耐受范围是20～35℃，最适水温为27～33℃，生态幅狭窄，易受到低温条件的限制。中华鳖的放苗时间多集中在 4 月下旬至 5 月上旬。因此，要进行中华鳖稻田养殖，必须满足单季中稻稻田气温在 5 月的平均温度达到 20℃以上。根据此约束因子，再对照表 2-2 中的气候资料，得出适宜稻鳖养殖的地区是华南、华中、华北稻作区的所有中稻稻田以及西南的云南省中稻稻田。由表 2-1 公布的稻作面积可知，适宜稻田养鳖的稻田总面积为 1 471 万公顷。

（三）稻蟹模式推广潜力

中华绒螯蟹俗称河蟹，目前我国主要的养殖品系为长江水系和辽河水系。河蟹分布范围很广，北至辽宁，南到福建沿海诸省，尤其是长江中下游地区，都能找到野生蟹的生长踪迹。稻田人工养殖河蟹主要有两种模式，一种是扣蟹培育，另一种是扣蟹至成蟹养殖。下面就两种不同模式分别进行分析。

1. 扣蟹培育

蟹苗对水温的耐受范围为 15～28℃（实际上的耐受下限甚至可以更低，一般在江苏 5 月初就把大眼幼体育出，那时的水温有时还不到 15℃，却依然没有问题），最适水温为 20～24℃。其生态学习性表现为怕热不怕冷，高温会影响其蜕壳，很容易致死，同时也易引起性早熟。大眼幼体放苗时间一般为中稻移栽返青分蘖后的 5 月中旬。因此，要进行扣蟹稻田培育，必须满足单季稻中稻稻田气温在全年温度最高月份的平均温度低于 30℃。根据此约束因子，再对照表 2-2 中的气候资料，得出除了华中稻作区的部分省市（浙江、江西以及湖南）之外，其他所有省市的中稻稻田均适宜稻田扣蟹培育。由表 2-1 各省市稻作面积可知，适宜培育扣蟹的稻田总面积为 1 715 万公顷。

2. 扣蟹至成蟹养殖

1 龄扣蟹对温度的耐受范围相对较宽，水温基本上不会限制成蟹的养殖。扣蟹下田的时间多为 2～4 月，水温达到 5～10℃即可。因此，全国各大稻作区内的双季稻早稻、单季稻中稻以及华南稻作区双季稻晚稻稻田都适合养殖成蟹。由表 2-1 各省份稻作面积可知，适宜养殖成蟹的稻田总面积为 2 569 万公顷。但是，有试验表明，辽河水系河蟹适宜温度较低的西北、东北以及华北北部平原亚区稻作区；而长江水系河蟹则适宜温暖的华南、华中、西南以及华北黄淮平原亚区稻作区。

（四）稻虾模式推广潜力

目前，全国各地开展的主要稻虾种养模式为稻田养殖克氏原螯虾，但也有其他地方养殖青虾。罗氏沼虾由于具有高产及营养丰富的特点，也正逐渐地引起人们的重视，目前已有多地报道了稻田养殖罗氏沼虾的试验或推广。下面根据这三类淡水虾的生态学习性，逐一地对其稻田养殖潜力进行分析。

1. 克氏原螯虾

克氏原螯虾，俗称小龙虾，自然界中广泛分布于长江中下游诸省。其生长最适水温为20～32℃，耐受最低水温为15℃，低于15℃很少摄食。小龙虾生长速度非常快，8月中旬培育好的夏繁苗，投放至单季稻中稻田内，只需3～4个月就能上市。对于秋繁苗，往往采取轮作的方式，在收割完的稻田内挖沟注水，12月前后投放虾苗，翌年5、6月就可起捕。因此，要进行小龙虾稻田养殖必须满足中、晚稻稻田气温在10月平均温度达到15℃以上。根据此约束因子，再对照表2-2中的气候资料，得出适宜稻田养殖小龙虾的地区有华南、华中稻作区的全部中、晚稻稻田，西南云南省以及华北黄淮平原亚区的山东与河南省的中、晚稻稻田。由表2-1各省份稻作面积可知，适宜稻田养殖小龙虾的稻田总面积为1 866万公顷。

2. 青虾

青虾，也称河虾，是我国分布最广的淡水虾，自然界中广泛生活于淡水湖、河、池、沼中，以长江中下游地区最多。青虾属广温性动物，生长水温范围为10～35℃，最适水温为20～25℃，即6～10月是青虾生长高峰期，低于10℃则进入越冬期。稻田养殖青虾一般分为两种模式：一是稻虾共作，6～7月将虾苗放至单季稻中稻稻田，养殖4个月左右即可收获；二是利用稻虾连作，在水稻收获后投苗，翌年5月捕捞。因此，要进行青虾稻田养殖，必须满足中、晚稻稻田的气温在10月的平均温度达到10℃以上。根据此约束因子，再对照表2-2中的气候资料，得出适宜稻田养殖青虾的地区有华南、华中、华北、西南稻作区的全部中稻与晚稻稻田。由表2-1各省份稻作面积可知，适宜稻田养殖青虾的稻田总面积为1 946万公顷。

3. 罗氏沼虾

罗氏沼虾，原产于印度太平洋地区，生活在各种类型的淡水或咸淡水水域。1976年自日本引进中国，目前主要在南方10多个省（自治区、直辖市）推广养殖，以广东发展最快。罗氏沼虾是暖狭温性动物，生态学习性为喜温怕冷。其对水温的耐受范围是18～35℃，低温会使其进入越冬期，连续几天水温低于14℃就会死亡。稻田养殖罗氏沼虾一般在4月底或5月，当水温稳定在20℃以上时投放虾苗。养殖周期不长，4～5个月就可捕捞上市。因此，要进行罗氏沼虾稻田养殖，必须满足中稻稻田气温在5月的平均温度达到20℃以上。根据此约束因子，再对照表2-2中的气候资料，得出适宜稻田养殖罗氏沼虾的地区有华南、华中、华北稻作区的全部中稻稻田以及西南的云南省中稻稻田。由表2-1各省份稻作面积可知，适宜稻田养殖罗氏沼虾的稻田总面积为1 471万公顷。

各类水产生物最大适宜稻田养殖潜力汇总情况见表2-9。此次估测仅从省份层面，利用水生生物生物学温度三基点，估算出每种水生生物在温度上适宜的最大稻田综合种养潜力。然而，一个区域内稻田生态种养模式的适用性，除受温度影响外，还取决于农业生物的其他生态学习性、气候、土壤及灌溉可行性等因素。何况同一市级区域还有各种自然条件的广泛变异性和异质性，所以，以市级为区域单元，结论是非常初步的。毫无疑问，这是一个极为复杂的系统，因为一个区域中的气候和土壤受到海拔、地势、地貌以及地形走向的影响，往往具有广泛变异性。另外各地在实际推广过程中，还应当考虑当地社会、经济、风俗习惯等因素。因此，各地实际推广中，在参考本次估算结果基础上，应该根据当地的实际情况，以确定更为适宜的稻田种养模式及其推广潜力。

表 2-9　以省份为区域单元估算的最大适宜稻田养殖面积（理论值）

模式		最大适宜面积（理论值，万公顷）	适宜分布区域
稻鳖模式		2.7	华南、华中、华北稻作区的所有中稻稻田以及西南的云南省中稻稻田
稻蟹模式	扣蟹	2.57	中稻稻田
	成蟹	3.85	各稻作区
稻虾模式	小龙虾	2.8	华南、华中稻作区，西南的云南省
	青虾	2.9	华南、华中、华北、西南稻作区
	罗氏沼虾	2.2	华南、华中、华北稻作区的全部中稻稻田以及西南的云南省中稻稻田

第三章 稻田综合种养的理论基础

第一节 稻田生态系统

一、稻田生态系统的因子

传统水稻单作模式下，稻田生态系统研究范围以水稻为中心，这种以水稻为中心的生态系统研究范围可以用表 3-1 来描述。

表 3-1 稻田生态系统组成

生物组分	环境组分
水稻	光照
田边田内伴生植物	温度
昆虫（害虫及其天敌、伴生种类）	空气
微生物（病原物及有益类型）	水分
水生动物（浮游、底栖等）	土壤
浮游植物（藻类、浮萍和满江红）	养分
人类（农民）	地形

在稻田各种综合种养模式中，水生动物增加了人类生产目标，鱼、虾、鳖等其他的水生生物的人为加入，使稻田生态系统中生物组分及其关系变得更加丰富和复杂，生态系统的结构与过程，以及包括生产力和稳定性在内的生态学功能都发生了变化。

（一）气候因子

1. 光照

太阳辐射的光谱成分是随空间和时间而有变化的。可见光颜色与其光谱的波长的关系是：红光为760～626纳米，橙光为626～595纳米，黄光为595～574纳米，绿光为574～550纳米，青光为550～490纳米，蓝光为490～435纳米，紫光为435～400纳米。所含能量强度一般与波长呈负相关。不同光谱的辐射，会影响到植物的光合代谢过程及代谢的产物类型。一般而言，长波辐射下植物会产生更多糖类产物，而短波辐射下植物会产生更多蛋白质类产物。光质变化与纬度、海拔的关系为：短波光是随纬度增加而减少，随海拔升高而增多。长波光是随纬度增加而增多，随海拔升高而减少。这主要是由于大气状态影响所致。光质变化与季节早晚的关系为：季节变化，在夏季以短波光较多，冬季长波光较多；一日变化，在中午以短波光较多，早、晚以长波光较多。这是由于太阳辐射强度和大气状态的影响之故。

2. 温度

温度对生物的影响主要通过气温、水温和土温的变化实现。气温随纬度、海拔、季节、昼夜而变化。纬度由南到北，海拔由低到高，我国水稻生长季内平均气温由高到低，变化显著。大致是：华南22～24℃，华中20～22℃，华北18～20℃，东北16～18℃，西北16～20℃，西南14～20℃。同一地区气温的变化是：季节由春到夏，气温由低到高；由秋到冬，气温由高到低。昼夜温差是南方小，北方大。华南6～8℃，华中8～10℃；华北8～14℃；东北10～14℃；西北10～16℃；西南8～10℃。

有效积温可决定水稻生育的转变。我国日平均温度大于或等于10℃稳定期的积温是随纬度和海拔的增高而降低。在华南≥10℃积温9 000～6 000℃；华中6 000～5 000℃；华北4 500～3 000℃；东北3 000～1 500℃；西北4 000～1 500℃；西南5 000～2 000℃。等值线的分布，大体上是按纬度或受海洋影响或随地形海拔变化而有一定的规律。积温影响着稻田综合种养模式的可行性。

3. 降水量

我国水稻生长季内的降水量，南方多，北方少，不论南北，都以在夏季降水量多，适于水稻生长。年降水量，西北地区一般在250毫米以下，东北地区500～600毫米，华北地区500～750毫米，华中地区1 000～1500毫米，华南地区1 250～2 440毫米。

（二）土壤因子

土壤是一个生命体。土地经营者应该始终把土壤当作一个生命体来看待。土壤作为一种生态系统，是自然生态系统中的一个亚系统。研究土壤生态系统的组成成分、结构、功能、动态变化，是经营好土壤生态系统的根本保证。土壤生态系统中也可分为生产者、消费者、分解者和无机环境（物理环境）。一般普通稻田生态系统土壤中（准确地说，是水田水体中）的较大型生产者除了栽培的作物水稻之外仅有藻类以及满江红（一种属于蕨类的、能固氮的高等植物）和萍类，它们具有光合作用能力而进行有机物质生产。消费者包括许多地下昆虫，其中，有些类型的全部生活史都是在土壤中完成的，还有一些种类只有一个或几个生活阶段在土壤中进行。分解者是真菌、细菌、原生动物等大量微生物。微生物在土壤生态系统的功能上发挥着重要的作用。无机环境包括矿物质、无机物质、水分、空气、温度等因子。

1. 土壤母质对水稻的生态作用

对于旱地而言，一般由花岗岩、砂岩等风化后发育、形成的自然土壤，含沙粒较多，肥力较低，导致生长在此类旱地上的陆稻生长通常较差。而由玄武岩、石灰岩、页岩等风化后发育、形成的自然土壤，则较黏重而肥力较高，比较有利于陆稻的生长。

水田土壤是以种植水稻为主的人为耕作活动条件下经过多年的发育逐渐形成的一种土壤。特别值得提出的是，水田土壤并不是简单的“旱地土壤＋灌水”就自然而然并很快形成的，而是长期发生在淹水条件下多种物理、化学、生物学过程的相互作用的结果。其母质来源，因田类位置而异。各类稻田的成土母质来源，大体上是梯田的成土母质。

2. 土壤有机质对水稻的生态作用

土壤肥力与土壤有机质含量有很大关系，有机质不仅是土壤氮素的主要给源，而且对于土壤结构、孔隙度和养分吸收贮存都有很大影响。据测定，种植水稻土壤（水稻土）每亩每年消耗有机质量达50千克，推算相当于500多千克的堆肥重量。因此，通过增施各类有机肥来不断增加土壤有机质含量，是促进土壤氮循环、提高肥力的重要措施。据调查报道，珠江三角洲水稻土有机质的含量，一般亩产400～500千克时平均为3.55%，亩产400千克时平均为3.27%。

3. 土壤水分对水稻的生态作用

土壤水分可分为吸着水、膜状水、毛管水和重力水四种。吸着水是在土粒表面第一层水分子，不能自由移动，不能为作物所吸收利用，是无效水分；膜状水是在吸着水外面水膜加厚而形成，可由水膜厚的土粒向水膜薄的土粒移动。每小时只能移动0.2～0.4毫米，只有在与根毛接触的地方，才能被作物吸收；毛管水保持在曲折微细的土壤毛细管孔隙里（管径0.001～0.1毫米），能为作物所吸收，这种水溶存有养分和氧气（每升水中的大致含氧量，昼间为7～11厘米^3，夜间为3～5厘米^3），最有利于水稻的吸收利用；重力水是沿着非毛管孔隙（孔径大于0.5毫米）或根孔、裂缝，自上而下渗透、移动快速，只有聚集为地下水，停留在土壤中，才能被利用为有效水分。

稻田中的旱、涝、洪、碱、渍，是水分的量和质的变化，因地因时而异，要根据具体情况，采取切合实际的技术措施，改善水的生态环境。作为稻渔系统的水稻而言，水分短缺的情形基本不存在，而过分淹渍的情形倒可能出现。稻鱼生态系统中，同时满足水稻和田鱼对水分的不同需求，也是这种模式下水分管理的最关键之处和最困难的地方。

4. 土壤空气对水稻的生态作用

土壤空气与大气比较，氧气较少（一般只有16%～20%），二氧化碳特别多（比空气多6～7倍）。这主要是由于水稻根系和微生物的呼吸作用，要消耗氧气，排出二氧化碳所致。

水田土壤在淹水状态下，则缺乏氧气，造成还原状态；在排水露田、晒田时，空气流通，造成氧化状态。在氧化还原作用变化频繁的过程中，土壤的化学变化不断进行着并影响着土壤中的微生物活动和养分供给状况。稻渔共生生态系统中，整个农作期间基本保持不同程度的淹水状态，满足这种体系下水稻根系对氧气的动态需求是一个很大的技术挑战。所以，稻田综合种养模式的技术最关键之所在就是：有鱼（鳖、蟹、虾等）的情形下如何种稻，有稻的情况下如何养鱼（鳖、蟹、虾等）。

土壤养分还原状况一般以氧化还原电位来表示，以氧化还原电位 300 毫伏为土壤氧化性与还原性的分界线。

水稻田在晒田时，氧化还原电位可达 300～700 毫伏。土壤氧化占优势，氧气充足，好气性微生物活动旺盛，有机质分解多，有效养分含量高，有利于水稻生育。但氧化还原电位达 750 毫伏时，土壤氧化作用过于强烈，氨态氮氧化成为硝态氮而易于流失。在长期淹水（尤其是水体相对静止时），氧化还原电位在 250 毫伏以下时，土壤的还原作用强烈，各种还原状态的矿物质（如 Fe^{2+}、Mn^{2+} 等）积累浓度过大，对水稻生育有害。在 180 毫伏以下时，水稻分蘖会停止。在 100 毫伏以下时，则大量产生硫化氢，出现黑根、烂根现象，甚至植株枯死。所以，在水稻生育过程中，通过各种技术措施（如平原地区的田间沟坑等）来调节有鱼的稻田里土壤中的氧气状况，改善氧化还原状况，以利水稻生育。

5. 土壤温度对水稻的生态作用

土壤温度与水温、气温有密切关系，灌水后，水的热容量大，土壤的热容量随着增大，昼间升温较慢，夜间降温也较慢。土壤的热容量比水的热容量小，土壤水分的热导率为 1.395 6 瓦/（米·开），而土壤空气的热导率为 0.581 5 瓦/（米·开），水的导热性比土壤的导热性大，所以，土温与水温关系最密切，以水调温至为重要。白天灌水的水面受到太阳辐射热，水温增高，传到土壤下层；夜间当地面冷却时，土壤下层热量可不断向上传导，调节地面较冷的温度，与土壤水分同时起着调节温度的生态作用。稻田灌水后，土壤水分蒸发量增大，空气温度也随着增大。由于土壤中的水、热、气等条件的相互影响，改变田间小气候，有利于水稻生育。在稻鱼共生系统中，稻鱼之间的正向互作增大，田间小气候发生了很大的改变，从而使得田鱼的生存环境发生了很大的改变。

水稻生育期浅灌水1～2厘米的，白天稻田4厘米深处的土温，比深灌水5厘米的高1～2℃，夜里则比深灌的低0.5℃。植后11天，浅灌的每株分蘖平均达1条，深灌的平均仅0.7条。可见浅灌土温较高，有利于分蘖。根据这一现象，稻渔系统中水稻的移栽苗，建议通过移植带蘖大苗来克服本田期分蘖的不足现象。

（三）地形因子

1. 地形对稻田生物群落的影响

地形地势地貌对生物群落的影响，是一个间接为主的生态影响过程。洼地、平原、丘陵、山地的不同，地势倾斜角度、南坡、北坡、距海远近的不同等，都对作物不同类型品种及其生育状况有重要影响，其中，对水分和氧气的作用是通过灌溉水渗漏、串灌的效率等来实现的。

山区稻田类型分布从低到高，分为谷底田、山坑田、岗田、山田。各类稻田所分布的稻田类型、轮栽作物、栽培季节、生育状况等均有不同，这是由于各种田类所在地的光、温、湿、水、土、肥等条件的不同，从而对水、稻和其他作物生育的影响存在着显著差异。

2. 地形对气候条件的影响

小地形气候条件的差异有以下变化规律。一般同地段的山顶与山坡上部比山坡下部和山谷的风速较大，南坡比北坡当阳，气温较高。小地形的小气候有差异，对作物的生长发育有不同的影响。对于南高北低、朝北开口的地形（如湖南），入秋后降温几率比西北高、东南低的地形（如浙江、福建、广东等）大得多。

3. 地理位置与作物分布的关系

纬度、经度、海拔的不同，水稻和其他作物的分布显然不同。

我国水稻各类型品种的地理分布情况，在低纬度地区（北纬 26°以南）各类型品种都能正常出穗；在中纬度地区（北纬 26°～40°）的南部（北纬 26°～32°），是晚稻早熟品种分布的北限；中纬度地区的北部（北纬 32°～40°），是中稻分布的北限；在高纬度地区（北纬 40°～53°），只能分布早稻品种。这主要是由于纬度不同，支配品种出穗期的日长、温度不同所致。正如前面所述，作物引种时尤其需要引起注意。

（四）生物因子

稻田生态系统中的生物因子，主要是水稻、其他植物（包括伴生杂草和藻类等）、昆虫、病菌、微生物等的分布及其相互关系。而在稻鱼系统等稻田综合种养模式里，还因为田鱼这个新的生物组分的加入，稻、鱼、虫、草、病之间的关系已经发生了根本的改变，从而使整个生态系统的结构、过程、功能及稳定性也发生了根本的改变。

1. 水稻的群体结构

稻田的群体结构是由多数个体组成的群体光合系统（绿色的叶、茎、穗）和非光合系统（根和没有光合色素的茎）所构成。群体结构研究是将一块田的群体作为一个有机体来研究其结构与功能的关系及其调控。门司正三等的“大田切片法”是把一定面积（1 平方米）的全部植株从高处到低处按一定间隔（约 10 厘米）分层割取，再按光合系统和非光合系统分别测定各层的绿色面积，即叶、茎、穗等各部分的鲜重和干重，从而分析其结构、功能、动态变化及其与环境条件（如光、温、湿、气、水、肥等）的关系。对于有沟坑设施的稻渔共生系统，由于沟坑建设所造成的边际效应的扩大，具有不可忽视的改进群体小气候的作用。浙江大学生命科学学院 101 实验室的研究指出，虽然看似由于开设沟坑减少了稻作面积，但只要沟坑开设的数量、形式、布局科学，通常一般人担心的由于稻作面积减少而发生的减产现象并不出现，这就是新开设的沟坑产生的边际效应所致。研究表明，只要全田沟坑比例不超过 10%，由于沟坑占用稻作面积减少所引起的减产，就可以由增加的边际效应所弥补。当然，不同地势地貌和田块面积下，沟坑开设的方式需要因地制宜地科学探索（山区梯田绝大多数情况下是不需要开沟的，真若需要，则建议在后塝沿边挖沟起垄，减少潜育化程度，促进水稻生长）。

2. 水稻与杂草的关系

一般传统的水稻单作模式下，稻田杂草和水稻抢光、抢肥，占夺空间，恶化环境，传播病虫，影响水稻生育，减低水稻产量，是水稻的大害之一。据调查，有些秧田每平方米面积有稗草 240 株。本田 1 蔸水稻有“夹心稗”1 条，则减产 20%。普通稻田除草用工，占田间管理劳动的 20%～60%。据广东植物研究所调查，广东农田杂草有 280 种，分属于 59 科、171 属，其中，禾本科 56 种、莎草科 26 种、玄参科 16 种、蓼科 12 种、苋科 7 种、千屈菜科 7 种、大戟科 7 种。水稻田的杂草大约有 120 种。在所谓的“农业现代化”模式（即“石油农业”模式）中，通常采用喷施各类除草剂以防除杂草，效果也比较好。但伴随的问题有农民种田成本上升、生物多样性显著下降、除草剂生态负面效应明显，除草剂施用的时机与数量及方法是一个需要摸索的技术问题。

3. 水稻与病害的关系

南方稻区的病害以稻瘟病、纹枯病、稻曲病、白叶枯病、胡麻叶斑病等为主要病害。浙江省的主要病害包括纹枯病、条纹叶枯病、黑条矮缩病、稻瘟病、细菌性病害，以及穗期综合征等。从生态学的观点来看，应以寄主与病原菌的关系为中心开展研究。病原菌在传播过程中，受气候环境直接影响，一旦侵入寄主体内，则寄主组织就成为病原菌的发育环境。如果寄主组织有抵抗病原菌的作用，那就是抗病品种。如白叶枯病，在气温 25～30℃、湿度 80% 以上的气候条件下易发生。而天气干燥，白天的水稻叶片温度比气温高，则白叶枯病原菌就不易侵入叶内，发病便少。品种对白叶枯病的抵抗力不同，所以，抗病育种研究国内外都很重视而显见成效。此外，利用不同作物和品种的抗性，通过生物多样性和景观布局控制水稻病害，也有很多最新的生态科技成果值得大力宣传和应用。有研究指出，稻田中养殖动物后动物对稻株的机械碰撞，能增强水稻对一些病原菌侵染的机械抗性。某些养殖的水生生物尚可能通过其他生态学过程，对病原物的侵染与发展产生显著的影响。

4. 水稻与虫害的关系

在我国，取食水稻的昆虫多达200余种，其中一部分造成了危害，有20种左右是常见而有严重威胁的。华南地区以螟虫、稻纵卷叶螟、稻飞虱、黏虫、稻苞虫、稻瘿蚊等为主要虫害。浙江地区主要虫害有二化螟、稻纵卷叶螟和白背飞虱、褐飞虱和灰飞虱等。应坚持以预防为主、综合防治，坚定不移地走生态防控道路。抗虫选种可从品种的形态、生理、生化、生态等来研究。例如，二化螟幼虫经常是从叶鞘的叶脉之间咬穿进入稻茎内，而叶脉间隔宽度比螟虫头部宽度小的，则不被侵蚀而有抗螟能力。茎内淀粉含量少或无的（有些籼稻品种），二化螟幼虫侵食少，淀粉含量多的则被害为多。

气候环境与虫害发生的关系也是非常密切的。如稻苞虫在温度24～30℃，湿度在78%～80%，卵孵化率为83%～98%；温度高于32.9℃，湿度65%，卵孵化率35.7%。成虫在高温干燥的环境条件寿命短，产卵少，初孵幼虫死亡率高。稻瘿蚊的卵在湿度90%以上，才能正常孵化；第一龄幼虫要湿度在95%以上并有湿润的叶面，才能移动到叶顶取食；阴天和连续下暴雨骤雨时，有利于稻瘿蚊种群的发生；6月多雨时，则晚季稻瘿蚊为害多；秧苗和分蘖"标葱"多，孕穗初期以后为害少。螟虫的发生期，各地都有观测，掌握它的发生规律，适时捕蛾、采卵、施药，避免在螟蛾盛发期插秧，或在盛发期之前成熟，可以防止三化螟的为害。早春稻田浸水，是防治三化螟简而易行的方法。至于生物防治，利用天敌治虫我国也有颇多成功经验。我国曾于1978年发放赤眼蜂面积600多万公顷，实践表明，养赤眼蜂治稻纵卷叶螟有效。还有养鸭治虫、灯光诱虫杀虫、黏虫板黏虫等，在推行生态农业的今天，各地都有较多应用。杀螟杆菌也可用于治虫。据报道，我国近40余年来水稻害虫生物防治实践成绩斐然。已知害虫天敌将近300种。

其中，华南稻田有39种蜘蛛，隶属于12科，对于抵制叶蝉和飞虱是有效的。湖南省湘阴县曾进行保护蜘蛛试验，试验规模186公顷，在没有施用任何药剂的稻田中，蜘蛛虫口密度比施杀虫剂的稻田高7～8倍。早稻在天敌和害虫平衡密度为1∶4（蜘蛛∶飞虱）、晚稻为1∶8（蜘蛛∶稻飞虱）时，则黑尾叶蝉和飞虱就不会发生。浙江大学农业生态有关项目组最近10多年在浙江三门，持续坚持采用以虫治虫的方法防治水稻害虫，效果显著。

5. 水稻与土壤微生物的关系

稻田中土壤微生物有腐生性细菌、硝化菌和反硝化菌、固氮菌、纤维分解菌、真菌和放线菌等，每克土壤中，少的有4 000个，多的达50亿个。各种菌类，对提高土壤肥力，以及调节各项营养物质的转化，起着重要作用。

土壤微生物的生活环境，因水分、氧气等条件的不同而使得种群活动有差异。在淹水条件下，由于田中氧气较少，以兼性和嫌气性微生物活动为主；在土壤表层的氧化层中，则以好气性微生物活动为主。例如，固氮菌有好气、嫌气两种。好气性固氮菌多分布于水稻根际土壤中，固氮能力较强，但要中性和微碱性环境，温度25～30℃，才适于其繁殖；嫌气性固氮菌在南方微酸性土壤中分布较多，但其固氮能力比好气性的约低90%。据国际水稻研究所测定，水稻根圈生活的固氮菌在淹水状态下，每公顷每季固氮79.80千克。

（五）人为因子

1990—2000年，全世界水稻播种面积年均为1.5亿公顷，约占世界谷物总面积的22%；稻谷年均产量为5.59亿吨，约占谷物总产的28%。水稻是世界上种植范围最广泛的作物之一，全世界有110多个国家种植水稻，其中，亚洲水稻的种植面积占到了世界水稻面积的90%左右。主要生产国家有中国、印度、印度尼西亚、孟加拉国、泰国和越南等。

人类生产活动中，不合理地毁坏森林，刀耕火种，影响环境，水土流失，为害不小。古代原始社会开垦生荒，种植作物，地力下降，移垦新地，不少土地沦为荒芜。即使在近代，也还有破坏土地资源的严重事端。例如，北半球温带三大肥沃平原，即我国东北西部和内蒙古东部，美国中西部大平原和哈萨克斯坦等中亚地区北部，都有毁坏土地的“前车之鉴”。

现在热带雨林的破坏情况相当严重，非洲热带雨林面积原有约2.18亿公顷，至今已破坏约40%。据联合国粮农组织估计，拉丁美洲每年毁坏森林200万公顷；南亚和东南亚每年砍伐森林1 500万公顷。毁林原因主要是，当地农民刀耕火种式的迁移农业、大量单一化的种植园的建立和大量砍伐木材。由此造成生态破坏后果：土壤冲刷、植被组成改变、冲积物变化，流量和水文因子变化，从而严重影响环境。进入21世纪，城镇化和全球化过程又因其对土地利用方式的变化，对植被和农田环境造成了极大的负面影响。优良农田的非农占用，对农业生产的负面作用很大。

（六）稻田无机环境因子对生物群落的综合作用

1. 稻田生物群落的相互关系

稻田中的生物群落，有稻与其他植物和动物以及其他无数的微生物同时生活在一起，而以稻为主体。稻与其他生物之间的关系是很复杂的，有竞争也有互惠。生物之间的相互关系不是一成不变的。以前的生产实践中，农事管理者基本上把农田中除了水稻之外的所有生物都看成了除恶务尽的害虫害草，只保留目标作物，其余的生物都要想方设法除干净，甚至不惜动用大量乃至超量化学合成的除草剂、杀虫剂及杀菌剂。这种传统的“现代农业”的观念，至今在很多人脑海里依然根深蒂固。

水稻与其他水田伴生植物的关系，常常存在你强我弱的动态变化过程。例如，稻与稗草的竞争，在水稻群体发展迅速、生长旺盛的情况下，稗草的生长就由强变弱，或加以人工除草，即可清除。如果不加管理，稗草蔓延，“夹心稗”多，夺肥争光，势必严重影响水稻的生长。农谚说：“禾生草死、草生禾死”，就是矛盾斗争的结果。

水稻与其他作物的间作不是很多。华南地区有早稻田中间种黄麻或田菁的情形。相互之间存在着竞争关系：水稻、黄麻或水稻、田菁的生长竞争，则互相推动彼此的发展，稻株和麻株或田菁植株，都由于互相竞争光线，而促使各自的生长，株高较高且直，在接近间作作物的相邻稻株，势必分蘖较少，株型较紧凑密集。田菁常有分枝，对稻遮阴度较大，所以间作不宜过密；黄麻一般不多分枝，对稻的荫蔽较小，间作可密些。由于农事劳动力成本的增加，现在这些间作方式越来越少了。

从这些间作物与水稻的相互关系，又反映出共性与个性的关系，三者都要求充足的阳光。所以，竞向上方伸长，这是共性。黄麻不分枝、田菁有分枝，水稻在间作下少分蘖，这些都是个性的表现。必须对具体的事物作具体的分析，才能正确认识事物的发展，掌握稻田生物群落相互关系的变化规律。

2. 稻田无机环境的相互关系

稻田生态系统的无机环境条件，如光、温、水、湿等因子的相互关系，是很复杂的，每个因子都有各自的生态作用，而又与其他因子相联系起综合作用，一个因子发生变化，其他因子也相应变化。作物生长和发育，是由于受到全部环境条件的综合作用，而不仅仅其中某一个条件的单独作用。如光照增强，则温度升高。光合作用加强，水分蒸腾作用旺盛，对水稻的生长是有利的。但是温度过高，而水分缺少，湿度变低（相对湿度50%以下）时，又不利于其生长。这就是生态因子作用规律中的综合性。

在西北稻区，气候干燥，空气湿度低，常为影响水稻生长的限制因子。又如光合作用，在强光下，随温度的升高而加速，此时限制因子是温度；在弱光下，限制因子是光强，温度影响变小。光、温、水、热和湿度都是影响水稻生长的生态因子。在西北干燥稻作带的水稻生长期间，光、温条件是充足的，但雨水少，空气干燥，湿度常常在50%以下，这是主要矛盾，必须有充分的灌溉，满足蒸发和蒸腾等生理生态需水需求，才能有利于水稻的生长。而在华南的水稻生长季内，空气湿度常在80%以上，湿度就不是主要因子了。

3. 稻田作物群体与无机环境的相互关系

水稻的感光性、感温性和短日高温生育期（或基本营养生长性），是支配水稻品种出穗期的主导因子。在温度适宜的情况下，日长是主要因子，温度处于次要的地位。在温度过低时（20℃以下），则短日条件不能诱导水稻茎端生长点分化出穗，又显出温度因子是不可代替的，温度不适宜，日长也不起作用。短日高温促进出穗比率最大，效果最好，表现出光、温条件的综合作用，效果最大。正确把握每个品种的二性一期，对于高产稳产非常重要。

短日高温促进出穗的效果比短日常温的大得多，表现出光温的综合作用大。品种不同，对日长条件的反应也不同。在自然条件下，华南地区性熟期品种出穗期的最长日长，早稻迟熟籼 13.54～13.81 小时；晚稻迟熟籼 11.52～13.08 小时，表现出早稻适应长日，晚稻要求短日，不适应长日。在人工控制光长处理中，在 24 小时光照下，华南的早、中稻可出穗，华南晚稻迟熟籼、粳，在 12.50～13.10 小时的日长下可出穗。这又是共性与个性的表现，早稻、中稻要求短日，适应长日，晚稻要求短日，不适应长日，要求短日是共性，适应长日和不适应长日是个性。

4. 水稻气候律及其应用

现代科学研究认为，影响植物发育进程的主导因子是日长和温度。纬度、海拔不同，则日长、温度及其他环境条件都有不同，从而间接影响植物的发育进程。

Hopkins 生物气候律指出，在美洲温带内，于春天和初夏，每向北移纬度 1°，或海拔向上升高 122 米，植物的开花期延迟 4 天；在秋天则相反，每向北 1°增加，向上升高 122 米，植物开花期则提早 4 天。

著名水稻生态学家梁光商曾根据水稻光温试验及有关气象资料，分析了水稻物候与纬度、海拔、经度、日长、温度等的关系，指出：①纬度增加与温度降低的关系，从海南崖县-海南海口-广东湛江-广东广州-广东英德-广东韶关-广东乐昌-湖南长沙-湖北武汉-北京市-辽宁沈阳-吉林省怀德公主岭-黑龙江黑河，后一地点与前一地点对比，共12个对比，纬度增加与年平均温度降低的关系趋势明显，由南向北，纬度每增加1°，年平均温度降低0.83℃。②纬度增加与日长、温度和品种出穗日数的关系，从崖县与广州、崖县与长沙、南京与天津、广州与公主岭、天津与公主岭、南京与米泉。6个对比地点的水稻光温试验，供试品种为早、中稻，各对比地点的对比品种数依次为：112、141、33、77、66、69个，各对比地点的播期相同或相近，品种出穗期的日数相差依次为6.2、34.3、18.2、41.3、15.5、30.0天。由南向北，夏至日长增长，全稻季平均温度降低，品种出穗日期延迟。究其缘由，就是因为由南向北，纬度每增加1°，夏至日长为不等差级数的增加，从而导致全稻季平均温度降低0.3℃，品种出穗日期延迟2.4天。全稻季平均温度比年平均温度降低的数值小一半多，这是由于在水稻生长季内，南北气温差异比较年平均气温的差异小所致。③海拔与温度的关系，选定云南省西南部景洪、禄丰等共22个县做对比，纬度在北纬21°52′～25°09′，每个对比地点的纬度相同，或相差1′～3′；海拔相差88.0～982.8米，年平均温度相差0.2～4.5℃。结果发现，由低至高，海拔每上升100米，年平均温度降低0.47℃。④海拔增加与温度和品种出穗日数的关系，根据水稻光温试验资料，选定纬度相近、海拔和温度相差大的昆明与崖县、昆明与广州、昆明与长沙3个对比地点，供试品种包括早、中、晚稻96～100个，由于这些地点的日长、温度都适于早、中、晚稻的生育和出穗、成熟，只是温度差异大，影响品种的出穗日期。结果发现，由低至高，海拔上升100米，全稻季平均温度降低0.4℃，品种出穗日期延迟2.4天。⑤经度东移与品种出穗日数的关系，选定纬度相近、经度相差大的米泉与天津、米泉与公主岭两个对比地点，米泉的经度为东经87°，天津东经117°10′，公主岭东经142°09′。东西方的大陆性气候有强弱，品种出穗日数相差较少。向东移动，有提早的，有延迟的，有相同的。米泉与天津对比，经度相差30°05′，在74个供试品种中，向东在天津出穗，提早的占78%，延迟的占18%，相同的约占4%。米泉与公主岭对比，经度相差37°04′，在76

个供试品种中，向东在公主岭出穗，提早的占47%，延迟的占44%，相同的占9%，这就是由于大陆经度不同所致。由西至东，经度每向东移动5°，品种出穗日数提早的为0.74～1.77天，延迟的为0.65～0.93天；相同的，两个对比地点分别为83.0天和111.0天，也就是提早和延迟的都不多，可以说东西移动相差小。由此看来，纬度、海拔、经度不同，影响作物的生育期，并不如Hopkins的生物气候律那么简单。实际上，在自然环境中，作物的生育期非常复杂，必须根据具体的作物品种类型在一定地点对环境条件的反应，表现出发育期的变化规律，才是切合实际的有用成果。

掌握水稻气候律非常重要，也是实现安全生产稳定生产的前提。

（1）预定安全生育期　根据气候律，结合当地物候资料绘成等候线，可预告当地当家品种的安全播种期和安全齐穗期，以利发展生产。

（2）避免自然灾害　观测各地自然灾害发生规律，通过调节水稻播栽期，避免自然灾害。如螟害在广东各地区各世代螟蛾盛发期已经观测清楚，早晚季稻的品种熟期也已充分了解，就从品种熟期来调节播植和出穗期，避免螟害。这种生态控制病虫草害的技术很有价值，只不过进入21世纪，几近失传了。但这种技术确实应重新思考、研究摸索和推广采用。

（3）异地相互引种　南北引种，如广东的早稻引到长沙、武昌，都比广州的生育日数增多。纬度每增加1°，生育日数都有增加，增加幅度与品种的感光性有密切关系。大量品种北移的熟期延迟实例，证明上述的水稻物候学定律是正确的。根据这些物候学定律引种，南种北引，熟期变迟，宜引早熟的；北种南引，熟期变早，宜引迟熟的；平原品种引至高原，熟期变迟，宜引早熟的；高原品种到平原，熟期变早，宜引迟熟的；东部品种引到西部，熟期相差不多（有提早的、延迟的、相同的），东部、西部相互引种较易成功。必须按照具体品种考虑引种。

（4）品种类型演变　早、中、晚稻的分布，在北纬26°以南，有早、中、晚稻早、中、迟熟品种。在北纬26°～32°，有早稻、中稻和晚稻早熟品种。在北纬32°～40°地带，有早稻和中稻；而在北纬40°以北，只有早稻品种存在了。而籼、粳稻的垂直分布则有另外的规律。据研究，云南籼、粳稻的垂直分布，在海拔1 750米以下为籼稻带，海拔1 750～2 000米为籼、粳交错地带，海拔2 000米以上为粳稻带。随海拔上升，植株的性状变异也很显著，这在很多水稻栽培学、生态学和生理学专著中都有详细介绍。

二、稻田生态系统的能量转化和物质循环

能量转化和物质循环是生态系统的重要过程，稻田生态系统的变化发展，是由于能量转化和物质循环而形成，从而不断地产生物质生产。

（一）稻田生态系统的能量转化

全世界人类所利用的能量，96%以上是太阳辐射能（其中68%是由于过去地质时代的光合作用所储存在矿藏中的能量即化石能源，而其余28%是聚集在现在光合作用产物中的能量），其余4%是用水电站和风力设备等所获得的能量（当然这个比例在进入21世纪后有了一定的改变）。太阳光能是能量的主要来源，是一个很重要的生态条件。人类在长期的农耕实践中，精选品种、调节水肥，就是充分利用光能以生产相当的光合产物。

1. 稻田的能量来源

稻体中的干物质重量有90%～95%是来自光合作用，5%～10%来自土壤营养。水稻固定的光合产物中有53%是在穗部，44%在茎叶，3%在根部。穗和茎叶的大部分作为人和家畜的能源从稻田中取走了，残留量只有落叶、残桩和根，占生物产量的10%～20%。而被取去的谷和秆，如果不以厩肥、堆肥的形式把有机质还给稻田，长此以往，稻田中的微生物的能量基质就会缺乏，微生物活动力减弱，土壤理化性质变劣，影响作物生产。所以，从稻田本身的物质循环来说，稻秆还田或厩肥、堆肥施用在稻田，是

维持地力的一个重要途径。事实上，土壤有机质的作用可能比我们绝大多数人所认为的要大得多，也重要得多，绝不单单是提供养分。所以，有机质充足的土壤和有机质明显不足但人为提供足够无机肥的土壤，在生产性能及系统稳定性等方面，还是存在很大不同的。稻田生态系统由于人为控制程度较高，耕作较频繁，能量转化、物质循环，都与自然生态系统不同。一般认为，生态系统的过程和功能主要是由以下三个步骤完成：①绿色植物吸收光能，生产有机物质；②动物和异养植物对有机质的消耗与异化；③在微生物作用下，有机质被分解为无机物。可以看出，生态系统由生产者、消费者和分解者共同起作用。

生产者就是营光合作用的作物，其在水稻生长季节，稻田中的生产者主要是水稻及其田间的一些其他植物。稻田中生物群落比自然生态系统的单纯、组成简单，除了优势种水稻之外，其他植物都不是栽培目的物。实际上稻田最主要的生产者，就是能够营光合作用的绿色作物。

消费者是有机物的消费者，即动物和人类。在稻田生态系统中的自然消费者主要是昆虫、鸟兽等。而在稻渔系统等各种综合种养模式中，消费者还增加鱼、蟹、鳖、虾等养殖动物以及这些动物的天敌如白鹭等。稻田生态系统中的作物产品是运出生态系统之外的，营养元素也随作物收获而移出生态系统之外。在耕地利用过程中，有一定期间的空闲裸露，营养元素易随水土流失而消耗，水蚀、风蚀比森林、草原生态系统大，气象条件有异常变动时，生产量变动更大。因此，必须进行人工管理，施肥、灌溉、翻压收获物的残渣余物，以补充肥源，培养地力。

分解者是营分解作用的腐生生物，即细菌和真菌，也称还原者。作物生产遗留在田中的有机物质，被微生物分解，还原为有效的营养元素，供作物吸收。一般作物生产的有机物质中，有70%～90%从农田中被取走，其余落叶、残茎和枯根，如水稻、陆稻、玉米、甘薯等，不过10%～20%；大豆的残留量可达30%。在一个生态系统中，环境和有机体之间的物质循环如图3-1所示。分解者是把生产者残留及人类施下的有机物无机化，使有机物变为可供作物利用的营养元素，在物质循环中的效用很大。

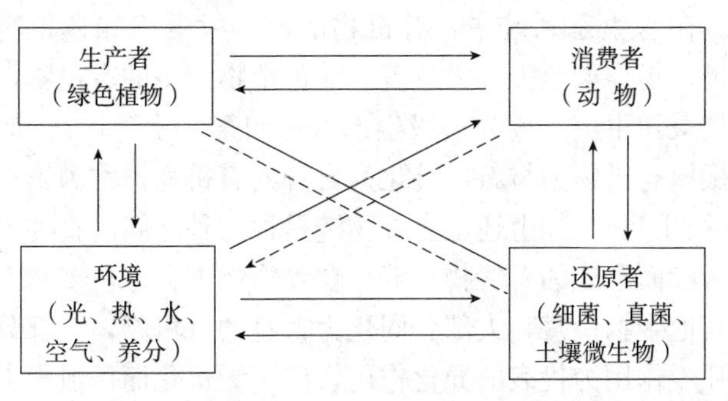

图 3-1　生态系统中生物群落和环境之间物质循环示意

2. 物质循环和能量流动

生态系统中物质通过摄取、捕食、寄生、腐生等方式，在不同生物体之间以及生物与环境之间迁移，叫做“流”。暂时把物质和能量吸收、固定和贮存叫做“库”，能量和物质的流与库的关系，在生态系统中非常重要。生态系统通过生产者、消费者和还原者这三大功能类群的相互作用和联系形成的物质循环、能量流动和信息传递的三大生态过程，实现了产生生产力以及物质降解两大生态学功能。

生态系统的光合作用，即是把辐射能转化为化学能，固定和贮存在有机物中。化学能促成食物链的流。呼吸作用，即是把有机物无机化，使化学能转变为化学热能而流出到环境中去。这就表明了辐射能流固定贮存在库——有机物质，一部分被呼吸作用消耗，把有机物质转化为热能而流入环境中。一般呼吸作用消耗能量变化幅度很大，可占总生产量的 20%～70%，纯生产比率为 30%～80%。生态系统中绿色植物产生的有机物的流可分多种类型，其中，植食食物链和残渣食物链两种类型比较常见。

(1) 植食食物链　从绿色植物发端的第一流。绿色植物-植食动物-肉食动物-吃肉食动物的肉食动物（图 3-2）。动物不能直接利用辐射能生产有机物，而是摄取绿色植物所固定贮存的能量——有机物，作为食料而生活、成长。在陆地上，有机物的流，发端于绿色植物，通过植食性昆虫或草食性鸟类，经肉食性鸟类或哺乳动物为主流。在水生态系统中，有机物的流，发端于绿色植物——藻类，经过动物，如鱼类等为主流。绿色植物产生的有机物，在生态系统中是最初生产，称为初级生产（也叫第一次生产）。动物从其他生物摄取有机物为材料，转化为自身的有机物，称为第二次生产（也叫次级生产）。如上述植食食物链是种与种之间的食物关系，是在营养阶段而形成的有机物的流。在食物链上，绿色植物产生的有机物被其他生物摄食，大部分同化为自身的有机物，一部分有机物由于以呼吸作用为代表的异化作用，产生无机化而排泄出去。这种发端于绿色植物的有机物构成的生物链称为植食食物链（grazing food chain）。而在稻鱼系统中，这个物质循环的模式则有了很大的改变，从而导致稻鱼系统和一般的单纯稻作系统在物质循环、能量流动、信息传递等生态学过程中有了根本性的变化，从而使得系统稳定性、生产力、物质利用效率等都有了根本的变化。

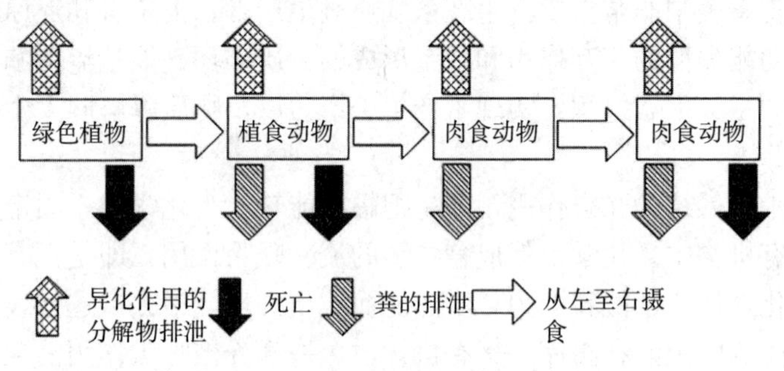

图 3-2　植食食物链的物质流动过程

（2）残渣食物链　从有机物发端的第二流。即把植物生长留落的残根、枯枝、落叶以及死亡的动植物遗体，由腐食者分解，变为低分子化的有机物，供腐食者的营养源。腐食者以细菌、真菌及微生物群落为主体，把动、植物遗体及动物粪便作为营养源。这种发端于有机物遗体及粪便的食物链称为残渣食物链（detritus food chain）。

（二）稻田生态系统的物质循环

稻田生态系统的物质循环，实质上就是生态系统中的植物营养元素的输出、输入现象。

1. 植物的营养元素

稻田生态系统中的物质循环，由于人工控制程度高，复杂耕作频繁，物质交换很复杂。只从营养元素来说，借助溶液培养和沙基培养，已知水稻正常生长发育必要的元素有16种，其中，碳、氢、氧、磷、钾、钙、镁、硫等元素因需要量较多，称为大量元素；对于铁、氯、硼、铜、锌、锰、钼等元素需要量较少，称为微量元素。而碳、氢、氧是构成有机体的主要元素，占植物体总成分的95%左右；其他元素约占5%。各种元素的来源，除碳来源于大气中的CO_2；氧来自O_2、CO_2和H_2O；氮来自土壤中的氮化合物，如硝态氮盐和铵态氮盐，但归根到底还是来自大气中的N_2。其他12种元素都来自土壤矿物，这些物质对水稻的供给程度，受供给量和有效性的影响。

2. 稻田生态系统物质循环中的微量元素

微量元素对水稻的生长发育，有一定的作用。在稻体中，都各有一定的含量，而其自然来源，主要是土壤和水（淡水或海水）。水稻吸收的微量元素，可随根、茎、叶的凋落和残茬的留下而归还土壤。但常需施用硼、锌、锰、铜、氯、钼等微量元素，分别叙述各微量元素的循环概况。

硼对作物生殖器官的建成有密切关系。据研究，十字花科花的发育对硼的依赖性最大。在我国黄土区，土壤含硼52～115毫克/千克，平均为82.4毫克/千克。作物需要硼的含量以0.5毫克/千克为临界值。武汉大学用0.01%硼酸液喷施在弱光下生长的稻株，测定硼有促进^{32}P运送到穗部的作用，从而减少空粒，提高千粒重。施入土壤，每公顷需用硼砂或硼酸1.5～3.75千克。

锌可促进叶绿素的形成与功能的发挥，也能促进蛋白质和淀粉的合成。水稻施用含锌1毫克/千克的肥料有增产效果，含锌5毫克/千克则有害，10毫克/千克可使植物致死。锌可防治南方稻田中水稻的“发红病”。本章笔者之一陈欣1987—1990年在中国科学院长沙农业现代化研究所工作期间，曾围绕中国南方中低产稻田广泛缺锌的问题参与了开展水稻喷施硫酸锌的试验研究，获得了显著的增产效果，科研成果获得了1990年中国科学院科技进步二等奖。

锰能促进水稻种子发芽和生长，并能加强淀粉酶的活动。锰在土壤中含量较多（淹水土壤中尤其如此），稻体内含锰量：嫩叶中含0.50%，老叶中含1.61%，茎中含0.45%，根中含0.20%。水稻在水培条件下，含锰量0.1毫克/升时具有增产效果，含锰量达到10毫克/升则导致减产。用2～4克硫酸锰溶于少量水中拌种子500克，或喷施0.1%～0.5%硫酸锰溶液，有增产效果。

铜是某些氧化酶（如多酚酶氧化酶）的成分，它可以影响作物体内氧化、还原作用的过程。水稻在低于1毫克/升的铜浓度下，水培植株生长良好，1毫克/升以上则有害。拌种以每千克种子用硫酸铜2～4克，以0.05%～0.10%硫酸铜溶液喷叶面，施入土壤则以亩施1千克为宜。

稻体缺氯时，植株先呈深绿色，后在嫩叶的上、中部出现白色斑点，叶弯曲，白斑蔓延而至干枯。稻秆中氯占风干干物重的0.25%。水稻在水培下的氯以在0.5%以下时，生长正常；浓度超过这一界限，则不能生长。

铁是叶绿素的重要组成成分，缺铁则嫩叶呈白色，或深黄色，出现缺铁（或缺绿）症。植株生长矮小，根、茎生长受抑制。稻体中含量：根为0.98%，茎0.22%，嫩叶0.01%，老叶0.03%。在营养液中含0.1毫克/升可增产；如浓度达10毫克/升以上则会因过量铁的毒害而减产。稻株正常生长时，体内的铁和锰之间，是保持适当的营养平衡的。稻田由于长期淹灌，还原情况一般比较严重，通常有过高浓度的亚铁离子毒害水稻生产，而缺铁情形相对较少。本章笔者之一唐建军于1986—1992年在中国科学院长沙农业现代化研究所承担国家“六五”“七五”攻关和中国科学院“六五”“七五”重大攻关项目时，曾结合培育耐潜育性土壤水稻品种开展了大量的水稻耐土壤潜育性和铁毒的生理生态研究。指出，不同基因型水稻的耐铁毒能力因其根茎内裂生通气组织和根系氧化力等特征特性的差异而存在很大的不同，从而可以选用耐性品种来抵御铁毒土壤，成果“耐潜育型土壤水稻生态育种技术”获得1995年中国科学院科技进步奖。

钼是硝酸盐还原所不可缺少的元素。稻株组织中的含钼量为0.04毫克/千克时，仍然不呈现缺钼症；当溶液中钼浓度达到1毫克/千克时稻株产生中毒现象，中国科学院土壤所分析华南地区红壤和砖红壤的钼含量为2.0～3.0毫克/千克，有效钼为0.05～0.55毫克/千克，有效钼占全钼量的1.7%～13.3%。缺钼时，稻株生长在开始时和完全营养处理的相差不多，稍后则叶变黄绿色，少数叶子扭曲，老叶尖端褪绿，沿边缘向下扩展，最后叶片干枯，而呈红棕色或淡蓝色，以致分蘖较少，秕粒较多，千粒重较低，产量下降。出穗灌浆期喷0.2%钼酸铵溶液有增产效果。

3. 稻田生态系统物质循环中大量元素的作用

稻体中含有大量元素成分。据分析，风干的稻秆中，含氮1.41%，磷0.48%，钾1.10%，钙0.33%，镁0.50%，硫0.11%，硅17.72%，钠0.46%。氮素在叶中含量为0.6%，在糙米中含量为1.3%左右。除碳、氢、氧等大量元素的来源前已叙述之外，这里阐述这些大量元素的循环概况。

钙的循环有两个途径，一是短期的，随海水浪花进入大气；二是长期的，由沉积岩石风化后形成。稻田土壤母质如果是石灰岩的，则含钙量丰富。钙是植物细胞壁构成成分之一。缺钙时，稻株变矮，上位叶的尖端变白，后转为黑褐色，全株重减少，结实率低，空粒多，产量低；钙还能消除土壤溶液中其他离子（如酸性土中过多的H^+和Al^{3+}，碱性土中过多的Na^+）对作物的毒害作用。水稻茎叶钙含量0.3%～0.7%（CaO，干重%），穗的钙含量随谷粒成熟从0.3%降低到0.1%。钙主要存在于叶子或老的器官和组织中，不易流动，稻田施石灰一般每公顷375～450千克。南方红壤地区向有施用石灰习惯（可中和土壤酸性和为作物补充钙素），有些地方甚至每公顷施750千克以上。但连年多施石灰，有使土质变硬的可能，只是在多施绿肥等有机质肥料时，施石灰稍多，土壤才不易变硬。故施石灰较多时，应多施有机质肥料。南方传统的做法是冬季稻田种植紫云英等绿肥（图 3-3）。

图 3-3 浙江大学稻鳖共生技术示范基地冬季稻田种植紫云英（浙江德清，2018）

在自然情况下，镁的循环可从降水而来。美国一些森林山脉的流域中，根据测定每年每公顷面积随降水而来的镁有 0.7 千克。

镁是叶绿素组成成分之一，缺镁时叶绿素不能合成。镁在呼吸发酵和氮素代谢过程中，也起一定的作用。缺镁时，水稻叶为橙色，从叶尖先枯死。病症是从老叶开始的，根系发育不良，株高变矮，植株干重减轻，每株穗数减少，结实率差，空粒多，产量低。在分蘖期，如全部茎叶的含镁量是 0.07%～0.08%（占干重），则分蘖增多；在结实期，茎、叶含镁量在 0.06%～0.04%或更低，则显著影响结实率；在粒重决定期，茎叶含镁量在 0.2%以下，含量越高，千粒重越大。

稻体含硫（SO_3^{2-}）量为 0.2%～1.0%，移植至返青期含硫率达最高值（1.0%）。以后随着生育过程的不断进展，叶片含硫率下降，开花期趋于稳定。我国长江以南的山区（冷水田和烂泥田），水稻植后常有迟迟不能返青的“发僵”现象。农民的经验是，插秧后每公顷施75千克石膏、明矾、青矾，有克服“发僵”的作用。有人认为，这可能与改良土壤性质有关。水稻全生育期缺硫时，则不能抽穗开花，分蘖期缺硫时，影响最大，每穗粒数最少，千粒重最轻，产量最低。水稻分蘖期为硫素反应临界期。水稻水培时，溶液中含硫酸根（SO_4^{2-}）5微克/升，即能使水稻生长正常。在一般的情况下，施硫酸铵和有机质肥料的稻田，不会缺硫；反之，硫过多，在厌氧条件下，容易转化为H_2S，其浓度达0.07微克/升时，即对根部有害，形成黑根、烂根。

稻体内的硅酸，是禾谷类作物中含量最多的，特别是叶片、茎和谷壳含硅酸最多。据分析，水稻完熟期各器官含硅酸（SiO_3^{2-}）含量（干重%）：叶片为19.2%，叶鞘27.7%，茎8.8%，穗轴7.0%，穗5.1%，全株11.3%。完熟期稻秆灰分中氧化硅（SiO_2）占灰分总量的78%。

硅在稻体中的作用是多方面的。硅随水被吸收，上升到茎、叶、穗、粒，水分从叶表蒸腾出去，大部分硅质就累积在表皮细胞的角质层上，形成角质硅质化。稻叶表面积累硅质酸后，一方面因硅酸不易透水，以致蒸腾强度降低；另一方面，因茎叶表面硅质化而变硬，害虫病菌不易侵入，因此，稻瘟病、胡麻叶斑病以及螟虫为害较少。硅酸与抗性的关系，据测定，晚稻不倒伏的田块，茎基部10厘米处的硅酸含量为10.3%；同品种倒伏的田块，茎基部10厘米处的硅酸含量仅6.9%。施硅肥可增强抗倒能力。

硅酸与其他无机成分也有关系。硅酸与氮素的关系，如硅酸/氮素比（SiO_2/NH_4^+），当施氮肥多、施硅酸也多的话，则水稻生育较好，产量较高，这与施硅酸多则稻瘟病少有关。硅酸与磷酸的关系，硅酸可促进磷的吸收、运转，用^{32}P测定缺磷时，施硅酸多，可促进^{32}P运向稻穗。硅酸与钾素的关系，施钾肥多时，加施硅酸可增产。硅酸与铁、锰的关系、施硅酸多的可促进空气中的氧气通过通气组织而进入根部，并从根部向土壤排出，从而增加根的氧化能力，使根圈周围的铁（Fe^{2+}）和锰（Mn^{2+}），氧化成为不溶解物质沉淀，附在根的表面，吸入稻体内的铁、锰就相对地减少。用同位素^{56}Fe测定不同SiO_2浓度下^{56}Fe的吸收情况，SiO_2浓度越高的吸入^{56}Fe就越少。这是由于硅能促进根的氧化铁、锰沉积在根部的表面，成为不溶解物质，对水稻便不再有毒害作用。在水田土壤中 pH 6～7 的，硅酸溶液存量较多，沙质土比黏质土硅酸含量多，酸性的泥炭土，硅酸缺乏。灌溉水中，每千克含硅酸 5～20 毫克，最多的达 50 毫克。硅酸的天然供给量大，但不能满足水稻的要求。一般堆厩肥中含硅酸 7%，稻秆（全株）含硅酸 11.3%。因此，多施厩肥，稻秆还田，可供给硅酸肥料。

钠在自然界的循环途径之一，是风和浪花及蒸发把海水水汽混入较低的大气层，水分蒸发，使盐粒子留在空气中，在降雨时，随雨滴降落在农田。钠在农田，除被作物吸收之外，又有部分被冲洗流入江河海洋。水稻对钠肥（NaCl）的适应能力相当强，濒海岸地区的咸田土壤，含盐分 0.2%，水稻可正常生育。人尿中含食盐 1%，常作肥料施用。有些地区，每公顷施食盐 75 千克，作为水稻分蘖期的追肥。群众经验，施食盐的秆、茎较硬，不易倒伏，这是由于钠有置换钾和代替钾的机能。所以，施用少量钠肥可有利于水稻生育。

氮、磷、钾是作物需要的大量元素中最重要的。水稻的三要素供给情况比较复杂，稻田中三要素的来源，主要是靠施肥。

一般认为，氮素的来源有：①灌溉水中所含的氮；②共生固氮根瘤菌固氮：每公顷每年固氮 75～240 千克；③非共生固氮：由在根圈活动的非共生固氮菌完成，早已发现，稻田细菌（*Azotobacter* 属的细菌）的固氮能力为 7 千克/公顷，旱地状态下的陆稻田细菌固氮，每公顷 5.4 千克；④藻类固氮：蓝藻类在温度 30～35℃、光照充足、能进行光合作用情况下，生长繁茂，固氮作用显著，每公顷每年固氮 37.5～75 千克，可使稻谷增产 5%～15%；⑤降雨供氮：在降雨时，放电带来硝酸铵等供给氮，一年中约 10 千克/公顷；⑥有机质分解供氮：在稻田中的动、植物遗体和排泄物中的氮素化合物，被属于异养生物的一些细菌和菌类所分解，经过氨化合物氨基酸变成氨。

参与这些分解过程的微生物，在旱地土壤中以真菌类为主；而在潮湿和淹水状态的土壤中，则以细菌为主。氨生成后，在硝化细菌作用下，经过硝酸氧化为硝酸，可直接为植物所吸收，或为分解碳水化合物的异养微生物所摄取。

磷酸的来源，主要取决于成土母质的种类和土壤中有机物的数量。一般水稻土含磷多在0.03%～0.08%。钾在岩石本身含量较多。我国土壤含钾量多在0.5%～2.05%，钾需要施肥以增加给源。

稻田生态系统的氮、磷、钾三要素的自然给源，远远不能满足作物生长的需要。而稻田生态系统中的作物群落，以稻为中心，一年一熟或二熟以至多熟。在粮食作物、经济作物、饲料作物、绿肥作物、热带作物，以及蔬、果（香蕉、菠萝）作物等轮、间、混、套作中，营养元素的相互关系，存在着相互调节作用。一般随作物收获物而运走的营养元素数量很大，败叶、残茎、枯根遗留田中的很少。因此，养分收回的数量很少，是开放式的循环途径。物质交流须有人为控制，通过施肥、灌溉、轮作、种植绿肥等方式以供给作物养分并培养地力。稻田土壤养分输入输出的数量，因水旱轮作制度而异。研究发现，影响地力最大的氮素残留率，以稻-稻-肥三熟制最优，是肥地的；粮-油-肥三熟制次之，是养地的；稻-稻-麦三熟制更次之，是耗地的。但结合产量与地力的关系来衡量，则以粮-油-肥一年三熟的三年轮作制效果最好。

然而，稻田的养分平衡，自然调节能力很低，必须采取施肥、灌溉（以水带肥）、轮作、冬种豆科、绿肥作物等措施，以调节、控制、培养地力，维持养分平衡。

第二节　稻田综合种养的生态学原理

稻田综合种养技术是基于传统生态农业模式基础上稻田综合利用的一种新模式，历史悠久却又不断处于技术创新中，内涵也不断丰富，更能满足人类社会对农业生态系统多方面的需求，包括产品种类、产品数量、产品质量、生产成本、经营者收益、环境保护、生物多样性维持、节能减排等全方位的要求。由于在稻田生态系统中引入了新的生物组分（田鱼、青蟹、鳖或者小龙虾等），稻田生态系统内各种生物组分之间的相互关系有了根本的改变。这种生态关系的改变，不是简单地在生物组分中增加一个消费者或者一些消费者，而是彻底地或极大程度地改变了稻田生态系统中生物之间的相互关系，从而引发生态系统结构、过程和功能的改变。可以说，基于生态学原理上的稻田综合种养模式的改变，将是人类水稻栽培历史上乃至稻田土壤利用模式上的一个具有里程碑式的革命。

一、水稻和水产生物之间的互惠原理

（一）水稻对水产生物的保护作用影响

稻田养殖水产生物，水稻可为水产生物提供良好的环境。以稻鱼系统为例，稻鱼系统（RF）和鱼单养（FM）的水体环境明显差异。例如，夏天的7月29日到8月18日（试验地一年中温度最高的时期），每天12：00～14：00期间，FM的水表面温度（$F_{1,6}=437.587$、$P=0.000$）和光密度（$F_{1,6}=254.531$、$P=0.000$）显著高于RF。

在水稻的生长季，RF水体中氨氮水平显著低于鱼单作（$F_{1,30}=10.620$，$P=0.000$）。在试验的5年期间，FM土壤总氮有增加的趋势，但是RF中基本没有改变。FM的土壤总氮逐渐积累，并且在试验结束时高于RF（$F_{1,30}=2.783$、$P=0.044$）。

由于水稻为鱼提供了较好的环境，因而鱼的活动频率明显高于鱼单养，在酷暑的中午更是如此。田鱼在田中活动范围、活动时间和活动强度的增加，对于促进养分循环、物质互补利用、发挥互惠效应均有正向效果。

（二）水产生物对水稻的影响

1. 为水稻去除病害

病害导致全世界9.9%水稻产量的丢失，纹枯病是水稻的重要病害之一。研究表明，稻田物种多样性增加，可明显控制纹枯病的发生。肖筱成等报道，稻田养鱼系统中，鱼食用水田中的纹枯病菌核、菌丝，从而减少了病菌侵染来源；同时，纹枯病多从水稻基部叶鞘开始发病，鱼类争食带有病斑的易腐烂叶鞘，及时清除了病源，延缓了病情的扩展。另外，鱼在田间窜行活动，不但可以改善田间通风透气状况，而且可增加水体的溶氧，促进稻株的根茎生长，增加抗病能力。试验的调查结果认为，养鱼田纹枯病病情指数相应比未养鱼田平均低 1.87。

稻田养蟹对纹枯病也有一定的控制作用。吴达粉等报道，蟹可吞食纹枯病菌核。此外，在蟹田稻栽插密度低、水质好等条件下，纹枯病的发生较轻。杨勇等对养蟹稻田的病害研究也表明，除纹枯病外，稻瘟病和稻曲病等的发生率也均低于常规稻田。

2. 为水稻去除虫害

虫害使世界水稻减产 34%，实践证明，稻田综合种养，水产生物能有效帮助控制虫害。肖筱成等报道，稻飞虱主要在水稻基部取食为害，鱼类的活动可以使植株上的害虫落水，进而取食落水虫体，减少稻飞虱的为害。同时，养鱼田中的水位一般较不养鱼田的深，稻基部露出水面高度不多，缩减了稻飞虱的为害范围，从而减轻稻飞虱的为害。试验结果表明，主养彭泽鲫稻田稻飞虱虫口密度可降低 34.56%～46.26%，但鱼类只能在一定程度上减轻稻飞虱为害。鱼的存在还使三代二化螟的产卵空间受到限制，降低四代二化螟的发生基数，对二化螟的为害也有一定的抑制作用。廖庆民发现，鲤对稻田中的昆虫有明显的吞食能力，特别是对稻飞虱有控制作用。浙江大学生命科学学院 101 实验室曾对鲤进行解剖观察，发现 1 尾鲤的食物中有叶蝉 2 只、稻飞虱 4 只以上（结果未公开发表），养鱼稻田稻飞虱明显减少。试验进一步证实，稻田养鱼稻飞虱种群数量降低 30%～60%。

对稻鱼系统的研究表明，鱼活动过程中碰撞水稻，导致稻飞虱掉落到水面，掉落在水面的稻飞虱被鱼进一步取食，由于这一活动使得稻飞虱得到控制（约 26%的稻飞虱得到控制）。

3. 为水稻去除杂草

鱼或其他水生生物在稻田中可通过取食或扰动等将杂草去除，控制率可达39%～100%。研究表明，水稻生长前期草鱼比较喜食稗草，对稗草防效较好，而对慈姑、眼子菜、水马齿以及莎草科的杂草防效差。因为，此时鱼的个体较小，食量有限，所以只取食稗草，不取食其他种类的杂草。水稻生长后期，鱼对稗草、慈姑、眼子菜、水马齿和莎草科杂草防效均较好，这是因为随着稗草数量的减少，鱼的体重增加，食量也加大，就开始取食慈姑、眼子菜、水马齿和莎草科等杂草。稻蟹共作的稻田，杂草的控制率可达到50%以上。

4. 对稻田环境的影响

稻田养殖水产生物对土壤环境有明显影响，例如，养鱼或养蟹的稻田，水中溶氧量明显高于一般水稻田，溶氧增加，既有利于鱼的生长，又改善了田间土壤的通气状况，有利于水稻的根系生长发育。此外，由于鱼等水产生物的活动，使得水稻田上、下层的对流增大，提高了水温，也有利于水稻生长。

大量研究发现，稻田养鱼后，田面水氮、磷元素的浓度均显著增加，土壤有机质及各营养元素含量也有不同程度的提升，但土壤渗漏水中的硝态氮和总氮含量降低。研究发现，稻鱼系统中，田面水养分含量受投饵的影响，投饵越多，田面水养分含量也越高。在稻-鱼-萍复合生态系统中，土壤有机质、总氮、总磷含量比常规种稻增加15.6%～38.5%。关于稻田多个物种共存提高稻田养分含量的机理有如下解释：①鱼等动物的排泄物，直接增加了稻田有效养分；②共存物种扰动土层，在一定程度上释放土壤中被固定的养分，同时增加水体溶氧浓度，改善土壤氧化还原状况，促进氮的矿化和硝化作用；③共生物种的排泄物中含有丰富的易降解有机碳，有利微生物增殖，进而促进养分循环和土壤原有养分的活化，土壤和田面水养分含量增加；④共生物种的取食作用，直接抑制了杂草和浮游生物的生长，减少了这部分生物对水体和土壤中养分的吸收。稻鱼系统土壤磷素含量较高，而田面水磷含量较低。不同营养元素的变化与转化也是不完全相同的，要明晰这一机理还需进一步的研究。

稻田系统养分的输入主要来源于施肥、饵料、灌溉水和降雨，养分输出主要包括养分流失、水稻与共生物种的吸收利用。养分输入与输出的差值反映了农业系统养分平衡的状态，而养分平衡状况又决定了土壤养分水平的发展趋势。因此，关于氮平衡的研究对农业系统的长期稳定具有重要意义。稻鱼系统表现出正的氮平衡状态，而水稻单作处理氮平衡值为负。稻田多个物种共存相较单一种、养系统更利于氮素的有效利用与平衡，因为共存物种的存在增加了氮输出的途径，其在田间的活动也能够改善土壤性质和水体养分的有效性，促进稻体对氮的吸。施肥是破坏农业系统氮平衡状态的主要因素，因化肥氮大量流失，利用效率低。

二、水稻和水产生物之间对资源的互补利用原理

稻田养鱼可增加水稻10%的生物量，衰老的稻叶掉进土壤，补充了土壤有机质库，间接促进了水稻对营养元素的吸收。鱼排泄物中的氮有75%～85%都是以铵离子的形态存在，而铵离子是水稻的主要氮摄入形式，因此，鱼能够将环境中原本不易被水稻吸收利用的N形式转变成易于被水稻吸收利用的有效氮形式。综上所述，稻鱼系统中，水稻与田鱼在资源利用上互利互补，两者或直接或间接地起到了提高系统资源利用效率，减少稻田养分流失的作用。稻田多物种共存作为传统生态农业模式相较单一种养模式在养分高效利用方面有着其不争的优势。

浙江大学生命科学学院101实验室野外调查结果显示，稻鱼共作和水稻单作相比减少了氮肥的使用。为了解释其原因，开展相关试验进一步分析氮在水稻单作、稻鱼共作和鱼单作三个系统中的氮的流向。结果发现，在稻鱼共作田块，投喂鱼饲料条件下的水稻产量显著高于不投喂饲料。投喂鱼饲料的稻鱼共作中，水稻产量也有

高于水稻单作的趋势，即使水稻单田块氮投入量比投喂鱼饲料的稻鱼共作田块高出36.5%。鱼饲料的投入，显著增加FM和RF中鱼的产量。

稻鱼共作和鱼单作投喂的鱼饲料中分别仅有11.1%和14.2%的氮被鱼所同化。但是在稻鱼共作中，水稻利用了饲料中未被鱼利用的氮，减少了鱼饲料氮在环境中（即土壤和水体中）的积累。投喂饲料和不投喂饲料条件下RF的比较表明，水稻籽粒和秸秆中31.8%的氮来自鱼饲料。稻鱼共作和鱼单作各自鱼体内N总量的差值表明，化肥中2.1%的氮进入了鱼的体内。

三、稻田系统的边缘效应原理

沟坑式稻田养鱼模式，是山区习用的传统平板式粗放养殖模式稻鱼系统在引入到低丘平原地区后在应用模式上的一种改进。沟坑式稻田养鱼因其沟坑利于田鱼在田间充分活动且在水稻收割和非汛期可作为鱼的庇护所等优点，而被平原地区广泛应用。但是，有学者在对稻鱼共生系统中养鱼对水稻产量及产量构成因素的影响研究中，质疑沟坑的引入占用了一定比例的水田面积，可能会对水稻产量造成负面影响。有从事生态学研究的学者推测稻鱼系统的一系列增益效应或可弥补该损失，但目前有关此方面的研究鲜见报道。有资料显示，水稻是有正边际效应的作物，正边际效应值随边距递增而递减。考虑沟坑式稻田养鱼体系中实际边际区域得到扩大，因而由于沟坑增加的边际效应增产和水稻立植面积减少所引发的减产之间存在一个权衡对策。

浙江大学生命科学学院101实验室比较研究了可提高养鱼密度后鱼田间运动便利性的3种沟垱挖凿类型（图3-4）对水稻产量的影响。通过分析水稻产量边际效应的递减规律和沟坑边际对产量的弥补效应，结果表明（图3-5），沟际边1行单蔸粒重的边际效应值平均可达52.45%。沟坑边际效应弥补效果也较为显著，平均达80%左右，且不同沟型弥补效果不一，环沟弥补效果最佳，达 95.89%，几乎可完全弥补沟坑占地损失；“十”字沟次之，为 85.58%；直沟最差，仅可弥补 58.02%。各类沟型的水稻及田鱼产量差异均不显著，而经济收益以“十”字沟表现最佳。研究认为，“十”字沟模式属于水稻产量变化不显著但鱼产量增加的稻田养鱼田间最优设施。不过，最利于水稻产量保持和鱼产量提高的稻田养鱼田间设施建造方案，仍然有待深入研究和优化的必要。

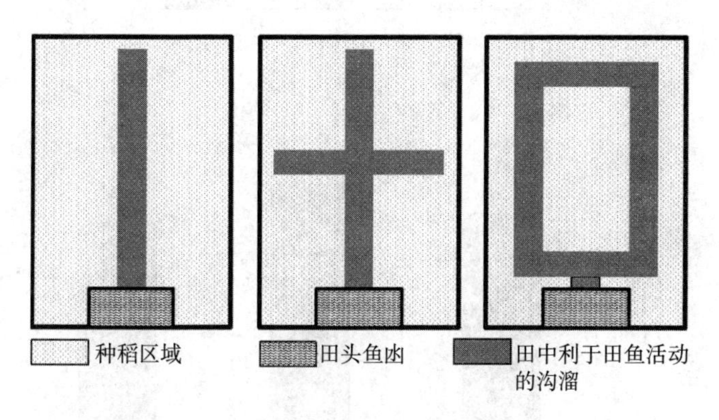

图 3-4　田间设施示意图

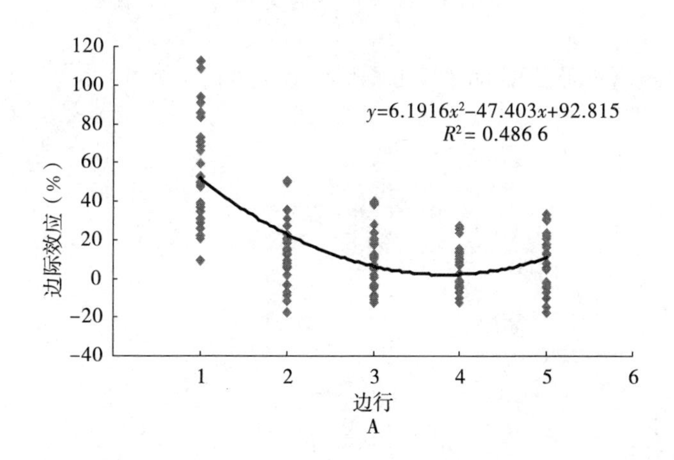

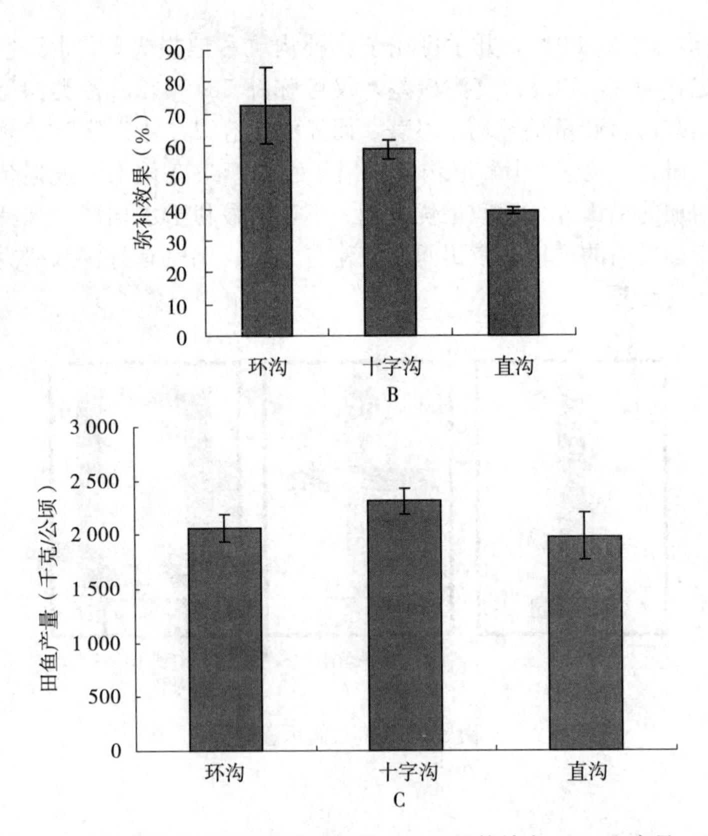

图 3-5　水稻产量的边际效应递减规律（A）、补偿效应（B）和产量（C）

第四章 稻渔综合种养模式

第一节 稻蟹综合种养模式

一、稻蟹综合种养模式介绍

稻蟹共作系统衍生了稻鱼系统的稻养鱼、鱼养稻的共生理论，利用蟹清除田中的杂草，吃掉害虫，排泄物可以肥田，促进水稻生长；水稻又为河蟹的生长提供丰富的天然饵料和良好的栖息条件，互惠互利，形成良性的生态循环。

稻蟹共作是除了稻鱼共作外，发展较早的稻渔综合种养类型。20世纪90年代以后，市场对河蟹的需求猛增，推动了河蟹的人工养殖技术突飞猛进的发展，不仅商品蟹的放养面积扩大，由大水面放流逐步发展到池塘和稻田养殖，养殖技术也有了重大改革。其中，稻田培育扣蟹和稻田养殖商品蟹得到迅速发展。稻田养蟹从80年代兴起于江浙一带，但大规模发展为21世纪后在辽宁、吉林、宁夏等省（自治区），稻蟹共作系统发展对稳定水稻主产区水稻生产、促进农民增收发挥了重要作用。

二、稻蟹综合种养分布

稻蟹共作在我国分布广泛。黑龙江、吉林、辽宁、宁夏、浙江、上海、江苏、河北、湖北和云南等均有稻田养蟹的报道。其中，辽宁盘锦市稻田养蟹始于1991年，至2006年已成功打造了

“大垄双行、早放精养、种养结合、稻蟹双赢”的“盘山模式”。宁夏稻蟹生态种养起步较晚，但在全区稻田推广发展迅速，目前成效显著，培育了河蟹产业。各地都培育出了自己的“蟹田稻”和“稻田蟹”品牌。

目前，稻蟹共作模式在辽宁、宁夏、吉林等省（自治区）建立核心示范区 7 个，核心示范区面积 1.31 万公顷，示范推广 2.65 万公顷。

三、典型模式分析

（一）辽宁盘山稻蟹综合种养新技术模式

1. 模式概述

辽宁盘山采用“大垄双行、早放精养、种养结合、稻蟹双赢”的稻蟹综合种养技术模式，即“盘山模式”。水稻种植采用大垄双行、边行加密、测土一次性施肥、生物防虫害的栽插技术方法，养蟹稻田水稻增产 5%～17%；养蟹稻田光照充足、病害减少，减少了农药化肥使用，生产出优质蟹田稻米。河蟹养殖采用早暂养、早投饵、早入养殖田，采取田间工程、稀放精养、测水调控、生态防病等技术措施，河蟹吃食草芽和虫卵及幼虫，不用除草剂，达到除草和生态防虫害的效果；同时，河蟹粪便又能提高土壤肥力；养殖的河蟹规格大、口感和质量好、价格高。稻田埝埂上种植大豆，稻、蟹、豆三位一体，立体生态，并存共生，土地资源得到充分利用。

2. 技术要点

（1）稻田的选择　养蟹稻田选择水源充足、灌排水方便、保水性能好的稻田，水质清新、无污染，盐度 2 以下，酸碱度（pH）为 7.5～8.5。养蟹稻田面积以 0.67～1.33 公顷为一个养殖单元。

养殖水源无毒、无污染，符合《渔业水质标准》（GB 11607）规定，养殖用水水质符合农业行业标准《无公害食品　淡水养殖用水水质》（NY 5051—2001）要求。

（2）田间工程

①开挖环沟：在田埂内侧 1 米远处挖环沟，环沟开口 0.6 米、沟深 0.4 米（图 4-1）。

②进、排水口设置：稻田进、排水口对角设置，采用管道为好，内端设双层防护网，网目大小可根据所养河蟹大小定期更换。有条件的养殖户，也可充分利用上、下水沟作为田间工程。

③田埂建设：埝埂加固夯实，高不低于 50 厘米、顶宽不应少于 50 厘米（图 4-2）。

④设置防逃围栏：每个养殖单元需在四周埝埂上设置防逃墙。防逃墙材料采用塑料薄膜，每隔 50～60 厘米用竹竿做桩，将薄膜埋入土中 10～15 厘米，剩余部分高出地面 50 厘米以上。上端用尼龙绳做内衬连接竹竿，用铁线将薄膜固定在竹桩上，然后将整个薄膜拉直，向内侧稍有倾斜，无褶无缝隙，拐角处成弧形，形成一道薄膜防逃墙。

图 4-1　开挖田沟

图 4-2　加固防逃埝埂

（3）水稻栽培和埝埂种豆技术

①稻种选择：选择适应北方地区的优良品种，具有较强的稳产性和丰产性，所选用的品种米质要优；品种的抗倒伏、抗病力等综合性状要好，宜选用通过审定的品种。

②稻田栽前准备：稻田栽前应保证田块平整，一个养殖单元内高低差不超过 3 厘米。土壤细碎、疏松，耕层深厚、肥沃，上软下松。每年旋耕一次。插秧前，短时间泡田，并多次水耙地，防止漏水漏肥。应用测土配制的活性生态肥，每亩用量为 80 千克。同时，加施鸡粪类肥料 200 千克或一般农家肥 1 000～1 500 千克，旋耕前一次性均匀施入后再旋耕。

③水稻秧苗移栽：水稻秧苗移栽采用“适时早插、大垄双行、边行加密”。一般日平均气温稳定在 15℃时，即可开始插秧。各地根据实际情况力争在 5 月底前完成插秧，做到早插快发。水稻栽插方法采用“大垄双行、边行加密”的栽插模式，即改常规模式 29.7 厘米行距为“19.8 厘米～39.6 厘米～19.8 厘米”行距，利用环沟边的边行优势密插和插双穴，弥补工程占地减少的穴数。在保证常规插秧“一垄不少、一穴不缺”的前提下，靠边际优势保证充足的光照和通风条件，减少水稻病害发生，同时，满足河蟹中后期正常生长对光照的需求（图 4-3 至图 4-5）。

图 4-3　大垄双行、边行加密

图 4-4　田中种稻、水中养蟹、埝埂种豆

采用人工手插秧和机械插秧方法。插秧时水层不宜过深，以1～2 厘米为宜。在插秧质量方面，要求做到行直、穴准、不丢穴、不缺苗，如有缺穴、少苗，应及时补苗。插秧深度 1 厘米左右，不宜过深，否则影响水稻返青和分蘖。

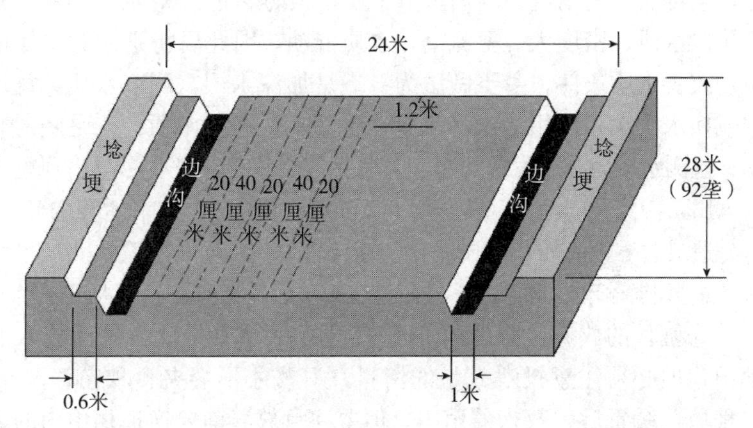

图 4-5　“大垄双行、边行加密”水稻栽插方法示意图

④埝埂豆种植：养蟹稻田埝埂豆种植同常规种植模式（图 4-4）。

（4）河蟹放养

①蟹种选择与消毒：

• 蟹种选择：选择活力强、肢体完整、规格整齐、不带病的蟹种；选择脱水时间短、最好是刚出池的蟹种，以规格为 100～160 只/千克的蟹种为宜。

蟹种消毒：蟹种放养时，用 20 克/米^3 高锰酸钾溶液浸浴 5～8 分钟或用 3%～5%食盐水浸浴 5～10 分钟。

②蟹种的暂养：

• 暂养池准备：暂养池面积应占养蟹稻田总面积的 20%，暂养池内最好设隐蔽物或移栽水草，有条件的可利用边沟做暂养池。暂养池在放蟹种前 7～10 天用生石灰消毒（带水 10 厘米），每亩用量为 75 千克。

• 扣蟹投放：暂养密度为每亩投放扣蟹不超过 3 000 只。

• 暂养期管理：a. 饵料投喂。做到早投饵，投饵量按河蟹体重的 3%～5%观察投喂，根据水温和摄食量及时调整；7～10 天换水 1 次，换水后用 20 克/米^3 的生石灰或用 0.1 克/米^3 的二溴海因消毒水体，消毒后一周用生物制剂调节水质，预防病害。b. 水质调控。暂养阶段水浅、密度大、氨氮高、水质混浊，因此要特别注意水质调节，改善水质条件。主要做法为：一是加深水层，调节水质，每加水或换水 1 次，使用消毒净水剂全池泼洒，净化水质；二是随时观察、检测水质，及时发现问题，采取有效措施；三是要尽早将河蟹放入大田，因为暂养池中河蟹密度大，随着投饵量的增加和水温的升高，容易造成暂养池底质和水质恶化，使河蟹发病，蟹种也会因为密度大在池边打洞，变成“懒蟹”，最好是在耙地后就将河蟹放入大田。

③蟹种的放养：蟹种放养可采用两种方式：a. 插秧前放入养殖田，但必须注意投喂充足的饵料，河蟹才不会夹食秧苗；b. 在水稻秧苗缓青后，放入养殖田，但要注意放养前要换掉稻田内的老水。蟹种放养密度以每亩 500 只为宜。

（5）日常种养殖管理

①稻田管理：

• 水位控制：养蟹稻田环沟保持满水，根据水稻需水规律管水。养蟹稻田整个生产过程均保持适当水层，水稻孕穗期可适当加深水层。养蟹稻田田面水深最好保持在 20 厘米，最低不低于 10 厘米。

• 水质调节：有换水条件的，每 7～10 天换水 1 次，并消毒调节水质。具体方法是：每次换水后使用 0.1 克/米^3 的二溴海因或用15～20 克/米^3 生石灰化水泼洒消毒水质，1 周后使用生物制剂改良调节水质，但这一做法必须在晴天使用，连续阴雨天不能使用；在连续阴雨天、气压较低的情况下，可适时向水中泼洒生石灰调节 pH，泼洒增氧剂，增加水中溶氧。换水条件不好的，可以每 15～20 天消毒调节水质 1 次。7、8 月高温季节，水温较高，水质变化大，河蟹易发病，要经常测定水的 pH、溶解氧、氨氮等，保证常换水、常加水，及时调节水质。

②投饲管理：

• 科学投饵：要做到定时、定质、定量、定点，投喂点设在田边浅水处，多点投喂，日投饵量占河蟹总重量的 5%～10%。主要采用观察投喂的方法，注意观察天气、水温、水质状况和河蟹摄食情况，灵活掌握投饵量。阴雨天、气压低、水中缺氧的情况下，尽量少投饵或不投饵。

• 饵料品种：养殖前期一般以投喂粗蛋白含量在 30%以上的全价配合饲料为主，搭配玉米、黄豆、豆粕等植物性饵料；养殖中期以玉米、黄豆、豆粕、水草等植物性饵料为主，搭配全价颗粒饲料，适当补充动物性饵料，做到荤素搭配、青精结合；养殖后期转入育肥的快速增重期，要多投喂动物性饲料和优质颗粒饲料，动物性饲料至少占 50%，同时搭配投喂一些高粱、玉米等谷物。

③日常管理：要做到勤观察、勤巡逻。每天都要观察河蟹的活动情况，特别是高温闷热和阴雨天气，更要注意水质变化情况，河蟹摄食情况，有无死蟹，堤坝有无漏洞，防逃设施有无破损等情况，发现问题，及时处理。

④特殊期管理：

• 蜕壳期管理：a. 每次蜕壳前，要投喂含有蜕壳素的配合饲料，力求蜕壳同步，同时增加动物性饵料的投喂量，动物性饵料投喂比例占投饵总量的 50%以上，投喂的饵料要新鲜适口，投饵量要足，以避免残食软壳蟹；b. 在河蟹蜕壳前 5～7 天，稻田环沟内泼洒生石灰水 5～10 克/米^3，增加水中钙质；c. 蜕壳期间，要保持水位稳定，一般不换水；d. 投饵区和蜕壳区必须严格分开，严禁在蜕壳区投放饵料。

（6）病虫害防控

①水稻病虫害防治：生产过程中，农药和渔用药物施用应符合 SC/T 1135.1—2017 的要求。稻蟹种养田病虫害主要以预防为主。主要防治方法为：a. 因地制宜地选用高抗品种或抗病品种，逐年淘汰感病品种，严禁主栽品种单一化，实行几个抗病品种搭配种植；b. 加强栽培防治措施，采用旱育苗培育壮秧，提高秧苗抗性，合理密植；c. 旋耕前一次性均匀施入测土配制的活性生态肥和农家肥，保证水稻生长的营养需求平衡；d. 科学管水，合理灌水和晾田，增强抗病能力，减缓病害的发生和扩展；e. 主要病虫害采用苗床施药防治方法，同时可采用早放蟹的方法，河蟹可吃食草芽和虫卵，不用除草剂，达到生态防虫害的效果。

②河蟹病害防治：

• 防治原则：河蟹病害防治要遵循“预防为主、防治结合”的原则，坚持以生态防治为主，药物防治为辅：a. 使用有效药物对环境、水体、蟹种、投饲点进行消毒；b. 勤观察水质，勤换水或勤加水，保持水质清新；c. 定期用二溴海因或生石灰等消毒处理水质，泼洒生物制剂，来调节水质，抑制病菌繁殖；d. 科学投饵，掌握好投饵量和品种，做到定点、定时、定质、定量；e. 封闭管理，积极治疗。河蟹一旦发病，要对症下药、积极治疗，并采用封闭式管理，避免交叉感染，导致更大范围蟹病发生与流行；f. 几种常见蟹病的治疗方法，北方地区常见蟹病有水肿、烂鳃、肠炎、蜕壳不遂等，对于发病区域，要早发现、早治疗，对症下药。但要注意使用药物防治时，一定要计算好水体、投药量，并符合 SC/T 1135.1—2017 的要求。

• 常见蟹病防治：常见蟹病的防治方法：a. 使用二溴海因或溴氯海因等消毒剂消毒、处理水质。二溴海因用法与用量为：预防上用量为 0.1 克/米^3；治疗上用量为 0.2～0.3 克/米^3，病情严重时隔天再用 1 次。b. 对于肠道病要投喂药饵，可以在饵料上喷洒乳酸菌，来改善肠道中的菌群，既可增强河蟹免疫力，又可提高河蟹品质。但要注意喷洒乳酸菌后，饵料要用鸡蛋挂膜，否则乳酸菌会溶入水中，降低效果，起不到良好的预防作用。c. 对于蜕壳不遂症，除了消毒、处理水体外，还要保证饵料的质和量，同时，饵料中要加入一定量的蜕壳素。

北方地区养殖的成蟹在 9 月中旬即可陆续起捕。稻田养成蟹的起捕主要靠在田边和稻码底下用手捕捉，也可在稻田拐角处下桶捕捉。秋季，当河蟹性成熟后，夜晚会大量爬上岸，此时可根据市场的需要，有选择地捕捉出售或集中到网箱和池塘中暂养，这种收获方式一直延续到水稻收割。收割后每天捕捉田中和环沟中剩余河蟹，到捕净为止。

（二）宁夏稻蟹共作模式

1. 模式概述

河蟹是宁夏主要的名优水产养殖品种。自 2009 年以来，宁夏把稻田养蟹作为实施农业结构调整的切入点和突破口，以发展百万亩适水产业为契机，针对宁夏水稻生产和河蟹养殖特点，以“河蟹早放精养、水稻宽窄插秧、种稻养蟹相结合、水稻河蟹双丰收”为主推技术，按照“河蟹苗种池塘精心暂养、水稻河蟹田间科学管理、成蟹集中育肥销售”三个阶段，采用“河蟹早放精养、水稻早育早插、生物除草防病、产品提质增效”等核心操作方法，建立宁夏稻田河蟹生态种养技术模式，通过龙头带动、土地流转等方式，大力示范和推广稻田河蟹生态种养。

宁夏作为农业农村部《稻田综合种养新型模式与技术示范与推广》的实施单位之一，积极开展了稻田河蟹生态种养试验示范。针对宁夏水稻和渔业生产特点，水稻主推“宁粳 43 号”等优质品种，河蟹主推优质辽蟹，重点集成、示范蟹种培育技术、河蟹育肥技术、蟹稻共生配套种养技术、“双行靠”机插秧技术、水质调控技术等，积累了一定的养殖经验，总结出了一套养殖技术，形成了宁夏稻田河蟹生态种养技术规程，取得了显著的经济和生态效益。

2. 技术要点

（1）稻田选择　稻田以黏壤土为好，要求保水性强，地势平坦，灌水方便，水源充足。每10～30亩稻田设置一个河蟹围栏养殖单元。

（2）田间工程

①开挖环沟：在每一个养殖单元稻田四周距埂边80厘米处开挖环型养蟹沟，上口宽60厘米，底宽40厘米，沟深50厘米。

②进、排水口设置：稻田进、排水口呈对角设置，进、排水口用直径为20厘米的聚塑管，长度80～100厘米，进水一端有闸门，出水一端用聚乙烯网片做成50厘米长的圆筒状包裹在管口处，防止河蟹逃跑。

③田埂建设：对稻田进行标准化建设，形成二档一路一渠一沟，每一个养殖单元的稻田四周田埂加宽加高，要求埂高50厘米，顶宽50厘米。

④设置防逃围栏：用塑料薄膜对每一个养殖单元进行围栏。在田埂2/3处外侧四周用70厘米高的细竹竿作固定桩，竹桩间距60～100厘米，竹桩上部用细绳互相连接。塑料薄膜总高65厘米，下部埋入土中10厘米，上部高出地面50厘米，余下的5厘米薄膜向下折，将细绳包在内部作为拉筋。塑料薄膜用细铁丝固定在竹桩上，薄膜折口（向外）用胶带黏接，薄膜向稻田内侧倾斜并且平整，拐角处呈弧形。

（3）水稻栽培

①稻种选择：选择抗倒伏、抗病力强的优质水稻品种，如宁粳43等。育秧前种子要进行晾晒、筛选、消毒、浸泡和催芽等技术处理。

②育秧管理：育秧在4月15日前，每亩稻田用种子3～4千克，准备秧床田7～10米^2，秧床要在3月底整理完毕，并及时进行平整、翻晒、施肥和准备覆秧细土。育秧时对秧床进行灌水和消毒，播种、覆土后采用竹片进行搭架，将两张薄膜以宽膜压窄膜重叠20厘米盖严秧床，并用细绳交结成菱形扣紧固定，秧床四周用土封严压实。

在秧苗35天的生长期内，要分阶段加强管理。播种至秧苗出齐时期重点加强保温保湿管理，确保出苗整齐；秧苗出齐至一叶一心时期重点加强控温保湿管理，促进根的正常生长；一叶一心至二叶一心时期重点加强控水控温管理，促进扎根，防止徒长；二叶一心至移栽时期加强控温通风管理，炼苗稳长，培叶促蘖。移栽时秧苗达到三叶或三叶一心，株高 10～12 厘米，叶片直立、展开、不交叉，秧苗粗壮且绿中透黄。

③稻田栽前准备：稻田应做到早平地、早深耕、早泡田和科学施肥。施肥量根据测土配方进行，总的原则为控氮、稳磷、补钾、增施农家肥。一般情况下，每亩稻田在整个生产过程中，商品有机肥的用量在 100 千克左右。底肥结合深耕时进行，占总施肥量的 80%。

④水稻秧苗移栽：5 月初进行移栽插秧，力争 5 月中旬结束。水稻移栽采取“双行靠、边行密”的稀植栽培模式。“双行靠”是指窄行距 20 厘米、宽行距 40 厘米，其表现形式为 20 厘米～40 厘米～20 厘米（图 4-6）；“边行密”是指在蟹沟两侧 80 厘米之内的插秧区，宽行中间加一行，即行间距全部为 20 厘米。通过边行密植，将蟹沟占用的水稻穴数补上，此双行靠、边行密植的栽培模式与宁夏的常规旱育稀植栽培模式有所不同，但穴距都为 10 厘米，每穴 3～5 株苗，每亩插秧穴数都在 16 000～18 000 穴，水稻秧苗穴数不少于常规旱育稀植水稻种植。

图 4-6　稻田养蟹环沟与水稻“双行靠”插秧

(4) 河蟹放养

①蟹种选择与调运：

• 蟹种选择：以辽河水系的中华绒螯蟹为主推品种，扣蟹规格120～160只/千克。要求规格整齐，体质健壮，爬行敏捷，附肢齐全，无病无伤，特别是要求蟹足指尖无损伤，体表无寄生虫附着。

• 蟹苗调运：根据稻田养殖面积、单位稻田河蟹放养数量以及放养时间提前做好苗种的定购工作，要求在上年11月或当年3月底完成蟹种的调运工作。

②蟹种暂养：

• 暂养池准备：蟹种暂养池塘选择在靠近养蟹稻田、水源充足、进排水方便、交通便利、环境安静的地方。池塘呈长方形，坡比1：(2～3)，面积10亩左右，深度150厘米，池埂四周用塑料薄膜进行防逃围栏，进排水口用双层网片包扎。池塘要排干池水，清除多余淤泥，保证底泥厚度10厘米左右；放扣蟹前15天对池塘进行消毒，1周后注水50厘米，施肥培养水质，使水体“肥、活、嫩、爽”。池塘中种植沉水性水草，水草移栽面积占池塘面积的1/3。若水草缺乏，可用树枝、芦苇等扎成直径30厘米的小捆固定在池边水底，形成河蟹隐蔽场所。在有条件的情况下，每亩投放田螺、螺蛳、河蚌等底栖动物200千克。

• 扣蟹投放：每亩池塘暂养扣蟹50千克左右，扣蟹一次放足。调运的扣蟹在放入暂养池前要进行缓苗处理，方法如下：将扣蟹连同包装袋一起浸水后取出放置2分钟左右，重复浸3次后，打开河蟹的背壳观察鳃丝，使扣蟹鳃丝吸足水分呈分散光滑状态，随后用浓度为10～20毫克/升的高锰酸钾溶液或3%～5%的盐水浸浴消毒3分钟。在池塘四周设点，将扣蟹均匀摊开，使其自行爬入水中。

• 暂养期管理：a. 饵料投喂。饵料以精饲料为主。植物性饲料以豆饼、花生饼为主，动物性饲料以小杂鱼、螺蛳肉、河蚌肉、动物下脚料等为主，要求新鲜、适口，配合颗粒饲料粗蛋白含量在38%以上，在水中稳定4小时以上（图4-7）。当水温达到

6℃时，可以进行投喂。每天投喂量占扣蟹总重量的2%～5%，每天投喂2次。08：00～09：00，投喂量占日投喂量的10%；17：00～18：00，投喂量占日投喂量的90%。饵料投放在池边浅水区。日常投喂应根据季节、天气、水温和摄食情况灵活掌握，动物性饲料比例占60%以上。b. 水质调控。扣蟹下塘后每周加注新水1次，4月上旬保持水位60厘米左右，随着水温的升高，逐渐加注新水，保持水位80厘米。定期监测水质，用生物调水剂进行调水，pH控制在7.5～8.5，透明度30～40厘米，溶解氧5毫克/升以上，氨氮含量小于1毫克/升（图4-8）。定期使用底质改良剂，促进池泥中的有机物氧化分解，降低池底有毒物质对河蟹的影响。c. 日常管理。早晚巡查，观察扣蟹摄食、活动、蜕壳、水质变化等情况，发现异常及时采取措施。掌握扣蟹蜕壳规律，蜕壳高峰期前1周换水、消毒；蜕壳高峰期避免用药、施肥，减少投喂量，保持环境安静。加水时严防蟹种顶水逃逸。在池塘四周设置器械，防止敌害生物捕食蟹种。加强管理，保证扣蟹在暂养期内蜕壳1～2次。d. 蟹种起捕。水稻插秧后，及时起捕蟹种。起捕时，先将池塘水位降低到50厘米，将蟹笼纵横交错放入池塘中，注水刺激河蟹活动，使河蟹自动爬入蟹笼中。测量蟹种的体重，确定蟹种规格，并用聚乙烯网袋进行包装，以便于运输（图4-9）。

图4-7　河蟹全价配合饲料

图 4-8　试验小区水质监测

图 4-9　营养池塘扣蟹起捕

③蟹种放养：

• 放养时间：蟹种在每一个养殖单元的水稻插秧结束后 2 天内放养，做到随插随放，一次性放足蟹种。此时，可以通过河蟹吃食水草芽达到替稻田除草的目的，若稻田中的水草长出水面后再放蟹种，因河蟹剪不断水草，则发挥不了河蟹除草的作用。

• 放养要求：每亩放规格为 50～100 只/千克的蟹种 500～550 只，要求蟹种色泽光洁，体质健壮，爬行敏捷，附肢齐全，无疾病。放养时用高锰酸钾溶液或盐水浸浴消毒。在围栏养殖单元内的多个地方设点，将扣蟹投放在田边，由河蟹自行爬入稻田（图 4-10）。

图 4-10　河蟹苗种放养

(5) 日常种养殖管理

①水管理：

• 水位控制：秧苗移栽大田后，田面保持薄水层返青活苗。在返青后的水稻各个生育阶段，定期补水，保持稻田水深 5～10 厘米。配备水泵、抽水机等补水设备，以防水渠断水时补水。

• 水质调节：对水质进行定期监测，按照水质状况及时调控。养蟹稻田水中溶解氧应保持在 5 毫克/升以上，pH 在 7.5～8.5，氨氮含量小于 1 毫克/升。蟹沟定期用光合细菌、氯制剂进行消毒。在紧急情况下，循环换水是改良水质的可取办法之一。

②水稻管理：

• 水稻追肥：稻田追肥主要为分蘖肥和穗肥。分蘖肥在插秧后 1 周内进行，施肥量占全年用肥总量的 10%；穗肥在 7 月初，施肥量占全年用肥总量的 10%。追肥以有机肥和生物肥为主，避开河蟹的蜕壳高峰期。

• 水稻除草：河蟹在水稻田间活动，可将刚萌芽的小型杂草清除，大型阔叶杂草需人工清除。

③投饲管理：

• 科学投饵：河蟹的吃食方式为钳抱咀嚼式，饲料呈块状或颗粒状，避免因饲料颗粒小，河蟹无法采食造成饲料损失。饲料呈“品”字形投放在蟹沟两边的稻田中，以翌日早晨无剩为准。

•饵料品种：按照河蟹生长和营养需求规律，分三个阶段调整饲料的种类和数量。第一阶段：5月中旬至6月，小杂鱼、螺蛳、河蚌以及动物下脚料等鲜活动物性饲料或全价饲料占60%，豆粕、玉米、小麦等占40%，每天投喂2次，上午占日投饲量的10%，下午占日投饲量的90%，日投饲量从5%逐渐增加至8%；第二阶段：7月至8月中旬，玉米、小麦、豆饼等植物性饲料、动物性饲料各50%，每天投喂2次，日投饲量为河蟹总体重的8%～10%；第三阶段：8月下旬至9月，动物性饲料占70%，植物性饲料占30%，每天投喂2次，日投饲量为总体重的8%～10%。在有条件的情况下，向稻田中投放田螺、螺蛳或河蚌等底栖动物，它们既可以吃水中残渣剩饵，清洁水体，又可作为河蟹的优质动物饲料。

④特殊期管理：

•蜕壳期管理：仔细观察河蟹每一次的蜕壳时间，掌握蜕壳规律。蜕壳高峰期前1周换水、消毒。蜕壳高峰期避免用药、施肥，减少投喂量，保持环境安静。

⑤日常管理：每天早晚巡查，观察水质、河蟹吃食及活动情况，检查防逃设施等，发现问题及时处理。设置器械防止敌害生物捕食河蟹。在养殖过程中，定期抽样进行生长测定，记好生产日志。

（6）病虫害防治

①水稻病虫害防治：水稻的病害主要是稻瘟病，可分为苗瘟、叶瘟、穗瘟和节瘟。加强水稻田间病害观测，发现水稻病害及时正确防治。养蟹稻田中施用除草药和水稻防病药会影响河蟹的安全，施药前须向田间灌水，最好采用低浓度喷雾法，尽量喷于叶片上，避免药粉或药液进入水中，施药后要加强观察，如有不良反应，立即采取换水措施。生产过程中，农药和渔用药物施用应符合SC/T 1135.1—2017的要求。

②河蟹病害防治：河蟹发病的原因很多，重点做好蟹病预防：a. 池塘消毒要彻底；b. 严把饲料质量关，科学投喂饲料；c. 发现河蟹患病要对症下药，及时治疗。

（7）收获上市

①水稻收获：10月初进行机械或人工收割。最佳收获期为水稻的完熟前期，即全穗失去绿色，颖壳95%变黄，米粒转白，手压不变形。

②河蟹捕捞：

• 商品蟹捕捞：稻田中的河蟹在9月中旬进行捕捞，以捕捉为主，地笼张捕、灯光诱捕为辅。

• 商品蟹暂养：将经过分拣的附肢完整、无病无伤的商品河蟹放入经围栏的池塘中进行暂养育肥，每亩暂养商品蟹250～300千克。有条件的地方，也可采用在池塘中放置蟹笼分级暂养。

• 商品蟹育肥管理：暂养育肥期间，饲料以动物性饲料为主。9月，日投饲量占河蟹重量的7%～8%；10月至11月上旬，日投饲量占河蟹重量的5%～7%；11月中旬后，日投饲量占河蟹重量的1%～3%。

• 商品蟹销售：商品蟹按规格，分雌、雄分袋包装，创建品牌，注册商标，分级陆续上市销售。

3. 模式案例

2012年项目实施过程中，在宁夏青铜峡市叶升镇宁夏正鑫源现代农业发展有限公司稻田养蟹示范基地建立精准试验田0.913公顷，河蟹经过150天的饲养，此试验田共捕捞河蟹（稻田蟹）290.25千克，饵料系数为1.9。河蟹平均体重从5.5克生长到了100.0克，其中，雄蟹平均体重106.4克，雌蟹平均体重93.9克。雄蟹最大个体重155克，雌蟹最大个体重130克。河蟹平均每亩产21.2千克，回捕率51%，肥满度达到77.6%，达到了膏满黄肥优质蟹的标准，售价每千克60元，每亩产值1 272元，每亩生产成本450元，每亩利润为822元。

经过测产，“蟹田稻”平均亩产530千克，收购价为每千克6.0元，每亩产值3 180元，每亩生产成本1 510元，每亩平均利润为1 670元。

常规单种水稻平均每亩产量528千克，收购价为每千克3.4

元，每亩产值 1 795 元，每亩生产成本 1 020 元，每亩利润为 775 元。

采取稻蟹生态种养模式，“水稻＋河蟹”每亩产值 4 452 元，每亩生产成本 1 960 元，每亩稻田利润 2 492 元，如果扣除土地流转费 750 元，稻蟹生态种养模式每亩均利润可达 1 742 元。

宁夏通过开展稻田河蟹生态种养试验示范，针对宁夏水稻和渔业生产特点，形成了宁夏稻田河蟹生态种养技术规程，取得了显著的经济和生态效益。

（三）吉林“分箱式”稻田养蟹技术模式

1. 模式概述

“分箱式”稻田养蟹技术模式根据北方水稻种植实际情况，依据插秧与扣蟹放养时间的不同步，制定扣蟹暂养技术；依据插秧机的插秧设计，制定的“分箱式”插秧技术。利用稻田的浅水资源养蟹，通过河蟹增肥、除草减少水稻了对化肥及农药的依赖，既改善了环境又促使稻米逐步达到绿色、有机的标准，实现了稻蟹互利、稻蟹共生的综合种养。

2. 技术要点

（1）稻田选择　应选择遇旱不干、大水不淹、交通便利、地势平坦、靠近水源、水量充沛、无污染、排灌自如、保水性强（土质以黏土和壤土为宜）的稻田。

（2）田间工程

①开挖环沟：为了便于河蟹躲避高温、蜕壳及集蟹，在距田埂内侧 60 厘米开挖环沟，沟宽 50～80 厘米、沟深 40～60 厘米，坡度 1∶1.2；环沟面积不超过田块面积的 5%，工程在泡田耙地前完成，耙地后再修整 1 次。

②进、排水口设置：稻田的进、排水口是防逃的关键。稻田的进、排水口最好设在稻田的对角处，有利于换水。进、排水管要用双层袖网扎好，并在排水口外设 2 个固定的小网，以便观察和拦截河蟹逃逸。

③田埂建设：普通稻田的田埂要增高夯实，要求高 50～70 厘

米、顶宽 50～60 厘米、底宽 80～100 厘米。

④设置防逃围栏：在稻田插完秧后、扣蟹放养之前设置防逃墙。防逃墙高 50～60 厘米，内壁光滑，与池内地面呈 85°角。防逃墙材料采用防老化塑料薄膜，紧贴塑料薄膜的外侧，每隔 60～100 厘米插 1 根长 75 厘米的木棍或竹竿作桩，迎风处要密插，避免大风吹倒，顺风处可相对稀插，桩插入土中 10～15 厘米，内倾 15°。用网绳在桩上距地面 50～60 厘米处连接并拉紧，塑料薄膜下端埋入泥土中 15～20 厘米，上端固定在拉紧的网绳上，防逃膜应无褶，接头处光滑无缝隙，拐角处应呈弧形。注意防逃墙设置时要与稻秧保持一定的距离，避免河蟹通过爬稻秧逃跑。

(3) 水稻栽培

①稻种选择：选择抗倒伏、抗病害、高冠层、中穗粒、中大穗型的适应当地自然环境条件，最好是当地培育的优良水稻品种。

②育秧管理：在选种的基础上，进行晾晒，选择适宜的温度浸种，注意药水的浓度和浸泡时间，清除未成熟颗粒。按照“稀播种产壮苗”原则，苗床按每亩播种 2.3 千克稻种培育壮苗。苗壮可缩短从插秧到缓苗及到分蘖的时间，是稻苗插秧后接续生长的关键，也是保证水稻产量的重要基础。

③稻田栽前准备：插秧前 7 天对苗床稻苗施磷肥 100 克/米^2，前 3 天对稻苗喷洒阿克泰防治稻象甲，插秧时稻苗带肥、药下地，对防治稻象甲病和促进稻苗返青分蘖效果很明显。稻田翻耕前施有机肥（或农家肥）15～22.5 吨/公顷，应用测土配方施肥技术，依据测土数据配制生态肥（N∶P∶K＝20∶10∶8），旋耙时将有机肥和农家肥埋入土壤表层。耙地 2 天后用生石灰 450 千克/公顷全田泼洒消毒，达到清野除害的目的。投放扣蟹后原则上不再施肥，如果发现有脱肥现象，可追施少量尿素，每公顷不超过 45 千克，确保水中氨氮不超标，保证扣蟹生长安全。选用高效低毒的丁草胺农药，按 1 500～2 250 毫升/公顷拌成 225～300 千克药土，均匀撒施田间，进行插前封闭。放扣蟹前 20 天和扣蟹入池后，不用农药除草时，有较大的杂草，可人工拔除。

施肥、打药要时刻注意肥、药品种的选择和施用时间。

④水稻秧苗移栽：养蟹稻田水稻的插秧模式，对水稻产量及河蟹生长十分重要。普通的插秧技术行宽为30厘米×30厘米，水稻分蘖长高后互相影响。“分箱式”插秧技术通过移栽留出的宽荡增加稻田通风和采光，提高了水稻对光照的利用，水中溶解氧增加，河蟹活动空间加大，有利于水稻增产及河蟹的正常生长。“分箱式”插秧技术是采取机械插秧，行距30厘米×30厘米，株距16.5厘米，每穴稻苗为2～3株。机械插完秧后每隔12行用人工拔出1行，移栽到旁边2行，留出60厘米宽荡（图4-11）。田埂内边及环沟两边因光照好、通风力强可进行“三边密插”稻秧（株行距比正常密1/3），弥补田间工程占地的损失，稻田秧苗穴数不减少，是确保水稻不减产的关键。

图4-11 “分箱式”插秧

（4）河蟹放养

①蟹种选择：选择规格整齐、活力强、肢体完整、肥满度中等、无病、体色有光泽的1龄蟹种，规格120～160只/千克。扣蟹出水后应以最短的时间运到目的地。

②蟹种的暂养：

• 暂养池准备：选择注排水方便与养殖稻田相邻或有沟渠相通的水池，面积0.07～0.2公顷，池水深1米以上。扣蟹投放前设置防逃设施。

• 扣蟹投放：根据要养成的规格调整投放密度，一般为30 000～45 000只/公顷。扣蟹入池前，放入池水中浸泡3～5秒取出，这样反复2～3次，每次间隔时间3～5分钟，使扣蟹适应环境，再用浓度40～50克/升的氯化钠溶液或浓度20～40米毫克/升的高锰酸钾溶液浸泡消毒5～10分钟，然后放入池中。

•暂养期管理：扣蟹入池后投喂饲料。以动物性饲料为主，每天投喂2次，日投饲率15%；早晨投喂日投饲量的1/3，傍晚投喂日投饲量的2/3，根据吃食情况适当调整投喂量。扣蟹入池3天后根据水质情况适量调换水，每次换水量在1/4～1/3。要求水源为无污染的淡水，水质要清新。避免带有残余农药的水进入池中，换水量最好在10：00左右进行。坚持每天早晚各巡池1次（不包括投饵观察），主要察看扣蟹活动是否正常，水质有无变化，防逃及进排水口有无漏洞，尤其是雨天更要注意观察，发现问题及时处理。扣蟹最好在暂养池中经过2次蜕壳。

③蟹种的放养：

•稻田准备：稻田放蟹种前20天不可施农药，放苗用水进入后不可施用化肥，用450～600千克/公顷的生石灰消毒，以达到清野除害的目的。放苗前要将稻田内青蛙、鼠、蛇等清除干净。在环沟中尽量培植适量的水草（移栽苦草、轮叶黑藻等沉水性植物），以利于扣蟹的栖息、隐蔽和蜕壳。

•放养时间：从4月中旬开始扣蟹经约60天的暂养，一般于6月上旬在水稻施完促分蘖肥后，把扣蟹放入稻田。

•放养密度：可根据养成的规格适当调整。一般投放密度为4 000～6 000只/公顷。

（5）日常种养殖管理

①稻田管理：

•水位控制：稻田水深保持在20厘米左右，最低不少于10厘米。

•水质调节：在条件许可时，尽量多换水，最少保证1周换水1次，换水量为1/3～1/2。换水时要注意水温差不超过3℃，并防止急水冲灌，干扰河蟹正常生活。

②投饲管理：

• 科学投饲：每天投喂 2 次，06：00～07：00 投喂 1 次，投喂量占日投喂量的 1/3；17：00～18：00 投喂 1 次，投喂量占日投喂量的 2/3。每次投喂都在固定位置，将饲料放在距田埂 30 厘米的田面上，可多点投喂。注意一定要观察投喂，每天检查河蟹吃食情况，根据河蟹的吃食情况及时调整投喂量，切忌盲目投喂，这是初期促长大、中期控规格、后期抓育肥的投饵方法。

• 饵料品种：饲料要求新鲜，无腐败变质，动物性饲料如小杂鱼虾、螺蚌肉等，植物性饲料如水杂草、豆饼（粕）、玉米渣以及全价颗粒配合饲料等，都可作为蟹种的饵料。投喂按照“两头精、中间粗”的原则，即蟹种放入稻田后至 7 月中旬前，光照充足、温度适宜是快速生长期，因此，多投喂动物性饵料促进快速生长；7 月至 8 月上旬生长旺季，动物性饲料与植物性饲料并重控制规格；8 月中旬以后，多投喂动物性饲料进行育肥；日投饲率为 10%～15%，有条件的最好投喂配合饲料。

③日常管理：坚持勤观察、勤巡逻，发现问题及时处理。勤观察是指每天都要看河蟹的活动情况（尤其是高温闷热天气），水质变化情况，河蟹摄食情况（残饵情况），河蟹有无死亡、堤坝有无漏洞、防逃设施有无破损等情况，随时清除敌害（包括鸟、青蛙、鼠、蛇），要常抓不懈，以免造成不必要的损失。

（6）病虫害防治

①水稻病虫害防治：水稻虫害防治以阿克泰药物为主，在插秧前 3 天，苗床用药 1 次防治稻象甲；插秧后 25 天和 55 天各用药 1 次防治二化螟。水稻用药时，粉剂药物应在露水未干时喷撒，乳剂、水剂宜在晴天露水干后用喷雾器以雾状喷出，药物要喷洒在水稻叶面上，避免直接落入水中。天气突变、闷热天气、下雨天时不能施用农药，施药时间应在晴天 17：00 左右，用药前通过排水将河蟹集中到环沟，用药后注水恢复原水位。

②河蟹病害防治：在稻田养蟹过程中，河蟹容易出现腐壳病、肠炎病和烂鳃病等，这些病与水质环境有关。一般采取改善水质环境来预防病害的发生：①每隔 20 天左右，用生石灰按 75～120 千

克/公顷泼洒全田，注意用生石灰时要避开河蟹的蜕壳期；②发现腐壳、肠炎病和烂鳃病等用百毒净治疗；③每半个月用光合细菌或芽孢杆菌泼洒全池，净化水质，减少病害的发生。

（7）收获上市　9月中旬是河蟹性成熟季节，利用河蟹上岸习性在防逃围栏边徒手捕捉，可捕捉到大部分河蟹；同时，可采取地笼捕捞、灯光诱捕、干塘捕捞等方法。操作时注意保持河蟹的附肢完整。

3. 模式案例

吉林省东辽县安石镇朝阳村实施了试验示范，采取上述的技术模式，其中，稻田养蟹60公顷、稻田养小龙虾6.67公顷，投放蟹苗2 000千克、小龙虾苗500千克。经过4个多月的饲养，综合成活率70%以上。每亩产河蟹21千克、成蟹总产量18 900千克；小龙虾每亩24千克、小龙虾总产量2 400千克。河蟹规格为60～80克/只，平均规格为15只/千克；小龙虾规格为45～75克/只，平均规格为20只/千克。河蟹每亩产值1 050元、小龙虾每亩产值1 440元；养蟹、小龙虾实现总产值109万元，总利润59.4万元，折合每亩利润594元。水稻每亩产400千克，出米率70%，按现行的无公害农产品价格30元/千克，稻田增收节支情况，水稻增加总收入370万元，每亩增加收入3 700元，其中，河蟹、小龙虾除草节省农药开支40 000元，节约化肥30 000元；按普通大米每千克5元，而有机大米每千克30元，每亩多收入3 630元，共多收入363万元。稻米每亩产值可达0.9万元，综合每亩利润4 294元。

第二节　稻虾综合种养模式

一、稻虾综合种养模式介绍

稻虾共作和连作模式，是指在水稻田里通过一定的田间工程改造，合理套养一定数量的虾，发挥用虾排泄物增肥、除草等功效，实行稻虾共生，以取得生态环保、高产高效的模式。这种模式实现了“田面种稻，水体养虾，虾粪肥田，稻虾共生”的效果，是一种把种植业和水产养殖业有机结合起来的立体生态农业生产方式，它符合资源节约、环境友好、循环高效的农业经济发展要求。

稻田养殖的虾类主要有小龙虾、青虾、罗氏沼虾等几类。

（1）克氏原螯虾（*Procambarus clarkii*） 又称小龙虾。在淡水螯虾类中属中、小型个体，为美国中南部和墨西哥北部的土著物种，20世纪30年代末传入我国。目前，已广泛分布于我国华中地区，长江中、下游地区是我国克氏原螯虾的主产区。克氏原螯虾对水质和饲养场地的条件要求不高，且我国许多地区都有稻田养鱼的传统，在当前养鱼经济效益下降的情况下，大力推广克氏原螯虾稻田生态养殖技术，可有效利用我国农村的土地和人力资源，生产绿色的水产品和稻谷。

（2）青虾（*Macrobrachium nipponense*） 又名河虾。学名日本沼虾。在我国分布广泛，长江流域以南的各省市均有分布。营养丰富，经济价值高，国内外市场都十分畅销。青虾适应性强，分布较广，具有杂食性、生长快、繁殖力强的特点。20世纪60年代以前，自然资源丰富，天然水域的产量在水产品中占有一定的比例。但由于捕捞过度及水质污染等原因，致使青虾资源遭到破坏，产量急剧下降，市场价格直线上升，而随着人们生活水平的不断提高和出口换汇的需要，对青虾的需求量也越来越大。实践证明，稻田内养殖青虾，投入少、产出大，具有很大的发展潜力。

（3）罗氏沼虾 又名马来西亚大虾、淡水长脚大虾。原产于印度洋、太平洋热带地区，生活于淡水或咸淡水水域。我国自1976年从日本引进，罗氏沼虾的养殖开始在我国发展起来。

相比于稻田养鱼和蟹，我国的稻田养殖小龙虾发展较晚，起步于21世纪初。经过多年发展，目前已在克氏原螯虾几个主产省份形成较大养殖规模，成为克氏原螯虾主要养殖方式之一，形成了以稻虾连作、稻虾共生等为主的稻田养虾模式。目前，国内稻田养虾主要集中在湖北、安徽、江苏等几个主产省。各地主要是利用现有低洼低产稻田（冬闲田、冷浸田、冬泡田、低湖田）和原稻田养蟹（鱼）区发展稻田养虾。

稻虾模式根据水稻和虾苗的衔接时间主要分为两大类型，根据虾苗的投放和收获时期可以分为稻虾共作和稻虾轮作两大类。稻田养殖模式的亲虾或虾苗均在水稻收割后放养，利用水稻种植的空闲期养殖虾类，可以称作虾稻连作模式。若种稻的同时又进行养虾，则为虾稻共作模式。其中，稻虾轮作水稻种植和虾类养殖在时间和空间上基本不重叠，茬口衔接技术上相对简单，并且避免了水稻的田间操作对虾的危害，因此发展较快。

稻虾模式有 4 个优点：①充分利用水体资源，增产增收；②虾苗能吃掉稻田中的野杂草和水生生物，消灭包括蚊子在内的危害性幼虫，可起到除草、除害的作用；③虾苗通过新陈代谢排出大量粪便，起到了增肥的效果；④小龙虾的游动或觅食，有助于稻田松土、活水、通气，增加了稻田水体溶氧量。

二、稻虾综合种养分布

目前，该模式主要分布在中国南方省份，而浙江、湖北、江苏、云南、四川、河北、安徽等省份有报道。其中，湖北、安徽、江西、浙江等省建立核心示范区 13 个，核心示范区面积 4 420.4 公顷，示范推广 7.11 万公顷。

三、典型模式分析

（一）湖北稻虾共作模式

1. 模式概述

稻虾共作模式是稻虾连作模式的一种延伸。即在稻虾连作后期（6 月上旬插秧前），将稻田中未达到商品规格的小龙虾继续留在田内，使其过渡到与栽插后的水稻一同生长。该模式特点是将传统稻虾连作模式的养虾时间进行一定程度延长，以增加小龙虾个体规格，提升小龙虾产品质量，均衡小龙虾产品的上市时间，提高稻田种养的综合效益。

2. 技术要点

（1）稻田选择　养稻虾田应选择水源充足、水质优良、附近水体无污染、旱季不干涸、雨季不淹没、保水性能好的一季中熟稻田。田块最好为壤质土，田底肥而不淤，灌溉容易，交通便利。面积越大，越有利于统一规划与建设，统一投种与投饵施肥，统一排灌与管理，有较好的效费比。

（2）田间工程

①开挖环沟：沿稻田田埂内侧四周开挖供小龙虾活动、避暑、避旱和觅食的环形虾沟，沟宽1.5～2.0米、沟深0.8～1.0米，环沟面积占稻田总面积8%～10%。稻田面积达到100亩以上，中间还要开挖“十”字形田间沟，沟宽0.5～1.0米、深0.5米（图4-12）。

图4-12　稻虾池塘开挖改造

②进、排水口设置：稻田应建有完善的进、排水口系统，以保证稻田旱季不干涸、雨季不淹没。进、排水口分别位于稻田两端，进水渠道建在田埂上，排水口建在虾沟的最低处，按照高灌低排的格局，保证灌得进、排得出。进、排水口要用密网围住，防止小龙虾逆水或逐水流而外逃。进水口用20目的长型网袋过滤进水，防止敌害生物随水流进入稻田。

③田埂建设：利用开挖环形沟挖出的泥土加固、加宽、加高田埂，田埂加固时每加一层泥土都要进行夯实，确保堤埂不裂、不垮、不渗水漏水，以增强田埂的保水和防逃能力。改造后的田埂，应高出田面 0.8 米以上，埂面宽 3.0 米，能拦住 40～60 厘米的水深，田埂内坡比不小于 1∶2。

④设置防逃围栏：田埂上用石棉瓦或网片四周封闭，防止小龙虾逃逸，防逃网高 40 厘米。注意稻田四角转弯处要做成弧形，以防止小龙虾沿墙夹角攀爬外逃（图 4-13）。

图 4-13 稻虾共作池塘

(3) 水稻栽培

①稻种选择：养虾稻田一般只种一季稻，水稻品种要选择冠层叶片竖立、抗病虫害、抗倒伏且耐肥性强的紧穗型品种，目前常用的品种有汕优系列、协优系列等。

②稻田栽前准备：

• 稻田整理：稻田整理时，虾稻共作与虾稻轮作区别在于：虾稻共生田间还存有大量小龙虾，为保证稻田留下的小龙虾不受影响，要注意：a. 采用稻田免耕抛秧技术，所谓“免耕”，是指水稻移植前稻田不经任何翻耕犁耙；b. 采取围埂办法，即在靠近虾沟的田面，围上一周高 30 厘米、宽 20 厘米的土埂，将环沟和田面分隔开，以利于田面整理。整田时间要求尽可能短，以免环沟中小龙虾因长时间密度过大而造成不必要的损失。

• 施足基肥：养虾1年以上的稻田，稻田中已存有大量稻草和小龙虾，腐烂后的稻草和小龙虾粪便为水稻提供了足量的有机肥源，一般不需施肥。对于第一年养虾的稻田，可以在插秧前的10～15天，每亩施用腐熟的农家肥200～300千克，均匀撒在田面并用机器翻耕耙匀。

• 消毒和种草：稻田改造后，每亩环沟面积用生石灰50～75千克带水消毒，以杀灭沟内野杂鱼等敌害生物和致病菌，预防小龙虾疾病发生。种草主要是在环沟内种植沉水植物和漂浮植物，沉水植物如菹草、马来眼子菜，漂浮植物如水葫芦和水花生，种草面积占环沟面积的1/3～1/2。漂浮植物移植在水面上，勿接触土壤，避免疯长。在虾种投放前后，沟内再投放一些有益生物，如水蚯蚓（按0.3～0.5千克/$米^2$）、田螺（按8～10个/$米^2$），河蚌（按3～4个/$米^2$）等，这样既可净化水质，又能为小龙虾提供丰富的天然饵料。

③秧苗移植：秧苗一般在6月中旬开始移植，养虾稻田宜提早10天左右。无论是采用抛秧法还是常规栽秧，都要充分发挥宽行稀植和边坡优势技术的作用，采取浅水栽插，条栽与边行密植相结合的方法。移植密度为30厘米×18厘米。

（4）虾种投放

①投放时间和密度：

• 投放时间：有三个投放时间：a. 在上年的8～10月，投放规格为30克/只以上的亲虾；b. 当年3月下旬，投放从市场上直接收购或人工野外捕捉的幼虾，规格为250～600只/千克；c. 当年3～4月，投放体长2～3厘米的人工繁殖虾苗。

• 投放密度：第一年养虾稻田，每亩放亲虾15～25千克，或幼虾1.0万～1.5万只，或人工繁殖虾苗1.5万～2.5万只；养虾一年以上的稻田，可根据稻田虾种存量进行适当补苗，补苗量按第一年养虾稻田苗种投放量的60%～70%进行。

②投放方法：虾种一般采用干法保湿运输，离水时间较长，放

养前需进行如下操作：先将虾种在稻田水中浸泡1分钟左右，提起搁置2～3分钟，再浸泡1分钟，再搁置2～3分钟，如此反复2～3次，让虾种体表和鳃腔吸足水分。其后，用3%浓度的食盐水浸洗虾体3～5分钟（具体浸洗时间应视天气、气温及虾体忍受程度灵活掌握）。浸洗后，用稻田水淋洗3遍，再将虾种均匀取点、分开轻放到浅水区或水草较多的地方，让其自行进入水中。同一块稻田应放养同一规格虾种，并一次放足。

（5）日常种养殖管理

①稻田管理：

• 水位控制：3月，为提高稻田内水温，促使小龙虾尽早出洞觅食，稻田水位一般控制在30厘米左右；4月中旬以后，为保持稻田水温始终稳定在20～30℃，以利小龙虾生长，避免提前硬壳老化，稻田水位应逐渐提高至50～60厘米，即使在6～8月的水稻移栽期或分蘖期，水位也不应降低至10厘米以下；9～11月，除水稻收割前7天，田面水干、虾沟蓄水外，收割后的田面水位应及时提升至30厘米，这样既能够让稻蔸露出水面10厘米左右，使部分稻蔸再生，又可避免因稻蔸全部淹没水下，导致稻田水质过肥缺氧，而影响小龙虾的生长；越冬期间，稻田水位提高至40～50厘米，以保证稻田水温。

• 合理施肥：施肥原则：保持中期不脱肥，后期不早衰，群体易控制。发现水稻脱肥时，一般施用既能促进水稻生长，降低水稻病虫害，又不会对小龙虾产生有害影响的生物复合肥（具体施用量参照生物复合肥使用说明）。施肥方法：先排浅田水，让虾集中到环沟中再施肥，这样有助于肥料迅速沉淀于底泥并被田泥和稻禾吸收，随即加深田水至正常深度。也可采取少量多次、分片撒肥或根外施肥的方法。严禁使用对小龙虾有害的化肥，如氨水和碳酸氢铵等。

• 科学晒田：晒田总体要求是轻晒或短晒，即晒田时，田面水深保持在10厘米左右，使田块中间不陷脚，田边表土不裂缝和发白，以见水稻浮根泛白为适度。田晒好后，应及时恢复原水位，避免晒得太久，以免环沟小龙虾因长时间密度过大而产生不利影响。

敌害防治：肉食性鱼类（如黑鱼、鳝、鲇等）、老鼠、水蛇、蛙类、各种鸟类以及水禽等均能捕食小龙虾。为防止这些敌害动物进入稻田，要求采取措施加以防备。肉食性鱼类，可在进水过程中用密网拦滤，将其拒于稻田之外；鼠类，应在稻田埂上多设些鼠夹、鼠笼进行防治；鸟类、水禽等，主要办法是进行驱赶（图 4-14）。

图 4-14 测产验收

②投饲管理：虾稻共作模式中，小龙虾的投喂时间一般从 3 月下旬开始，至 8 月中旬结束，越冬期间不需投饲。

3 月下旬，经过越冬期的小龙虾，身体瘦弱，食量大增，因此，当水温稳定在 15℃以上时应进行饲料喂养。投饲量一般为：3 月，每天投饲 1 次，投饲量占小龙虾体重的 4%左右，投饲时间为 16：00～17：00。进入 4 月后，应逐渐加大投饲量，每天投喂量从占虾体重的 5%逐渐增加至 10%，每天投喂 2 次：09：00～10：00，投喂量占日饲量的 30%；17：00～20：00，投喂量占日饲量的 70%。饲料可选用米糠、菜饼、豆渣、大豆、蚕豆、螺肉、蚌肉、鱼肉等。与此同时，还需适当补充青饲料，如莴苣叶、黑麦草等。投喂时，尽量做到动物性饲料、植物性饲料和青饲料的合理搭配，确保营养全面。搭配方式为：精饲料占 70%～80%，青饲料占 20%～30%。在精饲料中，动物性饲料与植物性饲料各占

50%。饲料应均匀投放在虾沟内，或虾沟边沿，以利小龙虾养成集中觅食习惯，避免不必要的浪费。

越冬期间，由于稻田为小龙虾提供了丰厚的天然饵料（图 4-15），如大量稻草还田后，稻草、稻蔸内藏有大量的农业昆虫和卵；稻田内大部分稻草、稻蔸被水淹没后，稻田内大量滋生各种浮游生物和水生昆虫以及腐烂的稻草或未收净的稻谷等。另外，小龙虾在越冬期间密度相对较小，摄食量很少或基本不摄食。因此在越冬期间，一般不需另外投喂饲料。

图 4-15　稻虾连作池塘越冬期

(6) 病虫害防治

①水稻病虫害防治（图 4-16）：小龙虾对许多农药都很敏感。因此，水稻病害防治首选高效、低毒、低残留的生物农药，药物施用应符合 SC/T 1135.1—2017 的要求。为确保小龙虾安全，要严格把握农药安全使用浓度，将药喷在水稻叶面上，尽量不喷入水中，宜分区施药。粉剂宜在早晨露水未干时使用，水剂和乳剂宜在下午使用，用药前大田加水至 20 厘米，喷药后及时换水。

②虾病害防治：防治工作始终坚持预防为主、治疗为辅的原则。稻田改造后，每亩环沟面积用生石灰 50～75 千克带水消毒，以杀灭沟内野杂鱼等敌害生物和致病菌，预防小龙虾疾病发生。提早放苗，提早收获。种好水草，用光合细菌等有益微生物改善水

图 4-16 使用诱虫灯

质，保持水体稳定。在 4 月中旬至 5 月底，适当投喂加有壳寡糖、酵母多糖的配合饲料，以提高小龙虾的免疫力和抗病能力。

（7）收获上市

①水稻收获：

• 水稻收割：水稻收割提倡机械化操作，水稻收割前将稻田的水位快速地下降到田面 5～10 厘米，然后缓慢排水，促使小龙虾在环沟中掘洞。待田中积水彻底排尽，水稻收割后将秸秆粉碎还田，留茬 30～40 厘米。

②虾的收获：

• 成虾捕捞：成虾捕捞时间最为关键，除因要抢占市场和为降低稻田载虾量，需要提前捕起部分虾外，为延长小龙虾生长时间，提高小龙虾规格，提升小龙虾产品质量，一般要求小龙虾达到最佳规格后开始起捕。虾稻共生模式中，集中起捕时间应从 6 月中旬插秧后开始，起捕规格要求在 30 克/只以上。起捕方法：采用网目 2.5～3.0 厘米的大网口地笼进行捕捞。开始捕捞时，不需排水，直接将虾笼布放于稻田及虾沟之内，隔几天转换一个地方。当捕获量渐少时，可将稻田中水排出，使小龙虾落入虾沟中，再集中于虾沟中放笼，直至捕不到商品小龙虾为止。在收虾笼时，应将捕获到的小龙虾进行挑选，将达到商品规格的小龙虾挑出，将幼虾马上放入稻田，并勿使幼虾挤压，避免弄伤虾体。

• 亲虾种留存：在6～8月成虾捕捞期间，前期捕大留小，后期捕小留大，以留足翌年可以繁殖的亲虾。要求亲虾存田量每亩不少于10～20千克。

3. 模式案例

湖北省潜江市龙湾镇黄桥村魏成林，2012年，虾稻共作面积14公顷，种养结果见表4-1至表4-3。

表4-1　苗种投放情况

品种	时间	规格（克/只、尾）	每亩投放数量（千克）
小龙虾	2011-08	25～35	20
水稻	2012-06		1.8

表4-2　产品收获情况

品种	总产量（千克）	平均规格（克/只）	每亩产量（千克）
小龙虾	27 300	25	130
稻	143 000		680

表4-3　经济效益

项目	品种	金额（元）	合计金额（元）
收入	小龙虾	846 300	1 277 300
	鳜	45 000	
	稻谷	386 000	
	工资（耕作、插秧收割、管理等）	18 900	
	饵料	407 500	
	其他	25 200	
每亩利润			2 140

（二）安徽稻虾共作和连作模式

1. 模式概述

安徽省作为农业农村部《稻田综合种养新型模式与技术示范与推广》的实施单位之一，积极开展了水稻小龙虾连作养殖试验示范，通过建立省级示范点，进行养殖示范试验，确定科学合理的稻田改造参数、探索稻虾综合种养模式下适宜的小龙虾放养密度，建立茬口衔接、水稻和小龙虾日常管理、防逃、病虫害防治以及水稻收割与小龙虾捕捞等技术，目前已形成一套比较成熟规范的稻虾连作模式，实现了“田面种稻，水体养小龙虾，虾粪肥田，稻虾共生”的效果，取得了显著的经济和生态效益。

2. 技术要点

安徽省稻虾共作和连作的茬口安排如下。

稻虾共作模式，一般在5月秧苗活棵后放养幼虾，9～10月将养成的小龙虾起捕上市，10月底收割水稻。水稻收割后可种植油菜或小麦等冬季作物，或再养一茬小龙虾至翌年4月上市；再进行下一轮的稻虾共作。这种模式的优点是，极大地提高了稻田的利用率，提高稻田的种植业产品和水产品品质和效益。

稻虾连作模式，在稻谷收割后的9月下旬，将种虾直接投放稻田内，让其自行繁殖，不需另外投放苗种，将小龙虾养殖至翌年的5～6月上旬起捕上市；单独选择秧苗培育田块，5月10日开始育秧苗，35日秧龄；6月15～20日插秧。水稻到9月中下旬成熟，及时收割，进行下一轮稻虾连作。这种模式的优点是，水稻和小龙虾主要生长期在时间和空间上不重叠，水稻和小龙虾的生产管理较少发生矛盾。

（1）稻田选择　选择水质良好、周围没有污染源、保水能力较强、排灌方便、不受洪水淹没的田块进行稻田养虾。稻田土质肥沃，以黏土和壤土为好，面积以10～15亩为宜。

（2）田间工程

①开挖环沟：一般采用沿稻田四周开挖边沟加稻田中间“十”字沟的方式，对稻田进行基础设施改造。四周沟和田间沟的开挖，

依据稻田放养小龙虾的规格、数量及设计的产量来确定。在水稻插秧前，沿稻田田埂内侧四周开挖U形养虾沟，沟宽0.5米、深0.8米，便于水稻机械化收割；田块面积较大的，还要在田中间开挖田间沟，田间沟宽0.3米、深0.5米，养虾沟和田间沟面积占稻田总面积的5%～10%（图4-17）。

图4-17　利用大垄双行和田沟扩大小龙虾活动空间

②进、排水口设置：进、排水口宜设在稻田的斜对角，用聚乙烯塑料管埋好进水和出水管，夯实田埂，并在进、排水口安装拦鱼栅，进水口用60～80目的聚乙烯网布包扎；排水口处平坦且略低于田块其他部位，排水口设一拦水阀门，方便排水；排水口处要设有聚乙烯网栏，网孔大小以不阻水、不逃虾为度，做到能排能灌。

③田埂建设：田埂面宽3米以上，田埂高0.8米，确保可蓄水0.3米以上。在离田埂1米处，每隔3米打一处1.5米高的桩，用毛竹架设，在田埂边种瓜、豆、葫芦等，待藤蔓上架后，在炎热的夏季可以起到遮阴避暑的作用。

④设置防逃围栏：小龙虾具有掘穴、逃逸的习性，稻田养殖小龙虾成功与否的关键之一是能否做好防逃工作。参照河蟹的防逃设施，在稻田四周用塑料薄膜、水泥板、石棉瓦或钙塑板建防逃墙，以防小龙虾逃逸。

（3）水稻栽培

①稻种选择：一般选用单季稻为好。水稻品种选择以水稻生育期短、茎秆粗壮、株型中偏上、耐肥、抗病抗虫抗倒伏、且高产稳产的优质丰产水稻品种为宜，如皖稻96、扬辐粳8号、武育粳16

号、南粳5055、武运粳7号、苏-30粳稻等均为适宜稻虾共生或连作的水稻品种。

②稻田栽前准备：插秧前用足底肥，以有机肥为主，少施追肥。稻秧插播后，尽可能不使用农药，确保小龙虾安全。

在养虾沟和田间沟里要移栽水草，如伊乐藻、苦草、轮叶黑藻、金鱼藻等沉水性植物，水草覆盖面以30%为宜，且以零星、分散为好，这样有利于虾沟内水流畅通无阻塞。

③秧苗移栽：水稻种植适时栽插。一般插秧期在5月中下旬至6月中旬。插秧做到合理密植，在虾沟和田间沟四周增加栽秧密度。栽插规格要求每亩插13 000～15 000穴，一般采取机插（图4-18）。

图4-18　稻虾共作大垄双行插秧方式

（4）虾种投放

①虾种选择：种虾可来源于人工繁殖或野生，外购虾种应经检疫合格。种虾可在每年9～10月选择，要求体重30～50克/只，附肢齐全，健康无病，活动力强，雌雄比为（2～3）：1。雌雄小龙虾在外形上特征明显，容易区别。

放养的虾苗苗种质量要求规格整齐，幼虾规格为2.5～3厘米；同一稻田放养的幼虾，要求规格一致，一次放足；体质健壮、放养的幼虾活力要强，附肢齐全，无病无伤，且耐旱的能力较强，离水相当长一段时间不会死亡。

种虾和幼虾都必须用地笼从水体中直接捕捞、装箱运输到达稻田的，几经商贩转手的小龙虾一律不能放养。

②投放时间和密度：小龙虾放养有两种：①第一年秋季在稻谷收割后的 9 月下旬将种虾直接投放在稻田内，让其自行繁殖，根据稻田养殖的实际情况，一般每亩放养个体 40 克/只以上的小龙虾 20 千克，雌雄性比 3∶1；②放养幼虾则为翌年 5 月水稻栽秧后，每亩投放规格为 2～4 厘米的幼虾 15 000～20 000 尾。

③投放方法：小龙虾放养要试水，试水安全后，才可放虾。小龙虾在放养时，要注意幼虾的质量，同一田块放养规格要尽可能整齐，放养时一次放足。应在晴天早晨或阴雨天放养，放养幼虾时用 5～10 毫克/升的高锰酸钾溶液浴洗 10 分钟左右。放养时要将经消毒处理的幼虾或种虾连盆移至田水中，缓缓将盆倾斜，让小龙虾自行爬出，不能自行爬出的取出弃之。

（5）日常种养殖管理

①稻田管理：

• 水位控制：小龙虾越冬前（9～11 月）的稻田水位应控制在 30 厘米左右；小龙虾在越冬期间，可适当提高水位，应控制在 40～50厘米；越冬以后，控制在 30 厘米左右；进入 4 月中旬以后，将水位逐渐提高至 50～60 厘米。水稻分蘖前，用水适当浅些，以促进水稻生根分蘖，水稻拔节期也需要适当加深水位。小龙虾大批蜕壳时不要冲水，避免干扰。

• 水质调节：清新水质是小龙虾养殖成功的关键。小龙虾虽然对恶劣环境的适应性较强，但水质清新、溶解氧充足的水域里更适合小龙虾栖息生长，因此，要求水质的溶解氧在 3 毫克/升以上，pH 7～8，透明度保持在 30 厘米左右，氨氮含量 0.05 毫克/升以下，亚硝酸氮 0.06 毫克/升以下。每半个月泼洒 1 次生石灰调节水质，每亩水面 10～15 千克。高温季节，每 10 天换 1 次水，每次换水 1/3；每 20 天泼洒 1 次生石灰水调节水质，水位保持 30 厘米以上。一般溶氧量比较低的水体中小龙虾会爬上水草、塘沟边不食不动，影响其生长，更有甚者造成成批逃逸和死亡。如投喂屠宰厂的下脚料过量，引起水质发黑发臭，便会引起死亡。所以在养殖过程中，应像管理虾塘一样，见到小龙虾爬边后即换水。

• 合理施肥：稻田养殖小龙虾基肥要足，应以腐熟的有机肥为主，在插秧前一次施入耕作层内，达到肥力持久长效的目的。追肥一般每月 1 次，每亩用尿素 5 千克、复合肥 10 千克，或施有机肥。禁用对小龙虾有害的化肥，如氨水和碳酸氢铵。施追肥时最好先排浅田水，让虾集中到环沟、田间沟之中，然后施肥，使化肥迅速沉积于底层田泥中，并被田泥和水稻吸收，随即加深田水至正常深度。

• 科学晒田：稻谷晒田宜轻烤，不能完全将田水排干。水位降低至田面露出即可，而且时间要短，发现小龙虾有异常反应时，则应立即注水。晒田时，需将水缓缓放出，使小龙虾大多数游到沟内（图 4-19），保持沟水位 30 厘米以上，并加强水质管理，水质过浓或温度过高会造成小龙虾病害。晒田后要及时灌水，使小龙虾能及时恢复生长。

图 4-19 晒田时将水引入虾沟中

• 敌害防治：小龙虾苗种期的敌害生物主要有鸟类、水蛇及水老鼠，需及时驱赶或捕杀。

②投饲管理：

• 科学投饵：稻田养虾一般不要求投喂，如需投喂，则应及时投喂新鲜饲料，以免造成小龙虾互相残食。过量投喂鸡、鸭内脏会造成有机质发酵，使水质发臭，造成缺氧并产生有毒气体，致小龙虾大批死亡。

• 饵料品种：在小龙虾的生长旺季可适当投喂一些动物性饲料，如捣碎的螺、蚌及屠宰厂的下脚料等。6～7 月以投喂植物性饲料为主，8～9 月多投喂一些动物性饲料。日投喂量按虾体重的 6%～8%安排。大批虾蜕壳后应增喂优质动物性饲料。因小龙虾食性杂，在水草缺少的水体中要增加鲜嫩的水草，增加维生素，避免因长期投喂动物内脏、不投水草而导致小龙虾大批死亡的事故。维持虾沟内有较多的水生植物，数量不足要及时补放。

③日常管理：每天早、晚坚持巡田，观察沟内水色变化和虾活动、吃食、生长情况。田间管理主要集中在水稻晒田、用药和防逃防害方面。每天检查田埂和进排水闸周围是否有漏洞，拦鱼网是否有损坏，防逃，防天敌入侵。

（6）病虫害防治

①水稻病虫害防治：

•防治原则及方法：小龙虾对许多农药都很敏感，稻田养虾的原则是能不用药时坚决不用，水稻需要施用药物时，应尽量使用生物制剂、高效低毒农药，药物施用应符合 SC/T 1135.1—2017 的要求。喷雾水剂宜在下午进行，因稻叶下午干燥，大部分药液会吸附在水稻上，喷洒时使用机动高压泵喷药，要求喷药于水稻叶面，尽量不喷入水中，最好采取分区用药的方法。同时，施药前田间加水至 20 厘米，喷药后及时换水。施农药时要注意严格把握农药安全使用浓度，确保虾的安全。如有条件，每 10 亩稻田装 1 台太阳能频振式杀虫灯，既可诱杀害虫，也可为小龙虾提供动物性饵料，并能减少农药的使用（图 4-20）。

图 4-20　太阳能频振式杀虫灯

·常见病虫害防治：a. 防治水稻螟虫，每亩用200毫升18%的杀虫双水剂加水75千克喷雾；b. 防治稻飞虱，每亩用50克25%的扑虱灵可湿性粉剂加水25千克喷雾；c. 防治稻条斑病、稻瘟病，每亩用50%的消菌灵40克加水喷雾；d. 防治水稻纹枯病、稻曲病，每亩用增效井冈霉素250毫升加水喷雾。

②虾病害防治：防治原则小龙虾抗病力强，但在人工养殖的环境下，病害防治工作不可掉以轻心。防治工作要以防为主，把好饵料关，管理好水质。

·常见虾病害防治：a. 水霉病：病原是水霉菌或绵霉。小龙虾在捕捞、运输或过池搬运过程中易感染此病，在水质恶化、体质虚弱时也易感染此病。初期症状不明显，当症状明显时，菌丝已经侵入表皮肌肉，向外长出棉絮状的菌丝，在体表形成肉眼可见的"白毛"。虾体消瘦乏力，活动焦躁，摄食量减少，严重的导致死亡。发病后用1%～2%的食盐水溶液长时间浸洗病虾，可起到一定效果。b. 烂鳃病：病原为细菌。症状为病虾鳃丝发黑，局部霉烂。防治方法：经常清除虾池中的残饵、污物，注入新水，保持水体中溶氧在4毫克/升以上，避免水质被污染；每立方米水体用漂白粉2克溶水全池泼洒，可以起到较好的治疗效果。c. 聚缩虫病：病原为聚缩虫。症状为小龙虾难以顺利蜕壳，病虾往往在蜕壳过程中死亡，幼体、成虾均可发生，对幼虾为害较严重。防治方法：彻底清塘，杀灭池中的病原体；发生此病可经常大量换水，减少池水中聚缩虫数量。d. 纤毛虫病：常见病原有累枝虫和钟形虫等。纤毛虫附着在成虾和虾苗的体表、附肢和鳃上，大量附着时会妨碍虾的呼吸、活动、摄食和蜕壳，影响生长。尤其在鳃上大量附着时，影响鳃丝的气体交换，会引起虾体缺氧而窒息死亡。防治方法：保持合理的放养密度，注意虾池的环境卫生，经常换新水，保持水质清新；用3%～5%的食盐水浸洗病虾，3～5天为一个疗程；用25～30毫克/升的福尔马林溶液浸洗4～6小时，连续2～3次。

(7) 收获上市

①水稻收割：水稻一般于10月下旬至11月上旬收割，提倡机

械化操作（图 4-21），收割机从 U 形沟的开口处（田块与田埂相连）开入稻田中。

图 4-21　机械化收割

②虾的收获：由于小龙虾喜欢生长在杂草丛中，加上虾塘池底不可能平坦，小龙虾又具有打洞的习性，因此，根据小龙虾的生物学特性，采用以下几种捕捞方法。

• 地笼网捕捞：把捕捞小龙虾的网做成地笼。每只地笼长20～30 米，10～20 个方形的格子，每只格子间隔地两面带倒刺，笼子上方织有遮挡网，地笼的两头分别圈为圆形。地笼网以有结网为好。每天上午或下午把地笼放到虾塘的边上，里面放进腥味较浓的鱼、鸡肠等物作诱饵。傍晚时分，小龙虾出来寻食时，闻到异味，寻味而至，撞到笼子上，笼子上方有网挡着，爬不上去，会四处找入口，钻进笼子。进了笼子的小龙虾滑向笼子深处，成为笼中之虾（图 4-22）。

• 手抄网捕捞：把虾网上方扎成四方形，下面留有带倒刺锥状的漏斗，沿虾塘边沿地带或水草丛生处，不断地用杆子赶，虾进入四方形抄网中，提起网，小龙虾也就捕到了，这种捕捞法适宜用在虾密集的地方。

• 干池捕捉：抽干虾沟里的水，小龙虾便呈现在沟底，用人工手捡的方式捉拿。

图 4-22　地笼捕获小龙虾

3. 模式案例

安徽省全椒县赤镇龙虾经济专业合作社，稻虾连作示范基地550余亩，经过统计和测产，2012年实施效益情况见表4-4。

表 4-4　安徽省全椒县稻虾连作试验效益

试验田编号	种虾放养量（千克）	稻虾连作面积（公顷）	龙虾亩产量（千克）	龙虾亩产值（元）	水稻亩产（千克）	水稻亩产值（元）	稻虾合计产值（元）	稻虾合计成本（元）	稻虾合计利润（元）	投入产出比
1#	35	3.33	128	3 072	566	1 528	4 600	1 950	2 650	2.4
2#	30	5.33	85	2 040	540	1 458	3 498	1 910	1 588	1.8
3#	30	6.67	89	2 136	553	1 493	3 629	1 920	1 709	1.9
4#	25	1.67	76	1 824	542	1 463	3 287	1 860	1 427	1.8
5#	30	2	108	2 592	520	1 404	3 996	1 920	2 076	2.1
6#	25	4	95	2 280	537	1 449	3 729	1 860	1 869	2.0
7#	32	0.93	115	2 760	542	1 463	4 223	1 930	2 293	2.2
8#	25	3	86	2 064	547	1 476	3 540	1 850	1 690	1.9
9#	26	2.67	90	2 160	525	1 417	3 577	1 860	1 717	1.9
10#	25	3	80	1 920	528	1 425	3 345	1 850	1 495	1.8
11#	25	2	65	1 560	538	1 452	3 012	1 850	1 162	1.6
12#	25	2.33	83	1 992	542	1 463	3 455	1 850	1 605	1.9
对照稻田		9.47			485	1 309	1 309	832	477	1.6

注：其中，稻虾连作产干稻谷销售价格为2.7元/千克（对照稻田的水稻价格也是2.7元/千克）。

根据表 4-4 中的数据测算，对照组稻田水稻每亩产量 485 千克，产值 1 309 元，生产成本 832 元，利润为 477 元，投入产出比为 1∶1.6；而稻虾连作养殖示范基地试验田，每亩放养规格 40 克/只以上的种虾 25～35 千克，小龙虾平均每亩产量 65～128 千克，每亩稻虾合计实现产值 3 012～4 600 元，生产成本 1 850～1 950元，利润为 1 162～2 650 元，投入产出比为 1∶（1.6～2.4）。稻虾连作利润是单纯种水稻利润的 2.4～5.6 倍。

（三）浙江稻虾轮作模式

1. 模式概述

浙江稻虾轮作模式具体做法为改单季晚稻为一季早稻一茬或两茬青虾；选择塑盘育秧和机械插秧方法，以推迟早稻插种时间，相对延长青虾养殖期；收割完早稻后，对田块进行挖沟改造后再养殖青虾。

2. 技术要点

稻虾轮作的茬口安排如下。

种稻季节：4 月上旬育秧，5 月中旬插秧，7 月下旬至 8 月初收获；秋季虾养殖季节：7 月底至 8 月上中旬放养青虾虾苗，10 月中旬开捕，分批上市至春节；春季虾养殖季节：利用秋季虾捕大留小，至 2 月放虾苗，5 月中旬捕毕。

（1）稻田选择　稻田应选择水土资源较匹配、分布均匀且易改造的连片低洼田畈。

（2）田间工程

①开挖环沟：沿稻田田埂内侧四周开挖环形沟。如以收割完稻后的 10 亩长方形田块为例，要在田块四周挖宽 1.2～3 米、深 1 米的环沟。

②进、排水口设置：进、排水口用 60～80 目过滤网片拦截。进水口用 60～80 目的聚乙烯网布包扎；排水口处平坦且略低于田块其他部位，排水口设一拦水阀门，方便排水；排水口处要设有聚乙烯网栏，网孔大小以不阻水、不逃虾为度，做到能排能灌。10 月中旬起，在大田周围的环沟内设置若干个虾笼或小地笼便于收捕。

③田埂建设：在稻田周围筑坝，以收割完稻后的 10 亩长方形田块为例，筑坝 1～1.5 米高，以尽量保持挖出的土方与加固夯实池埂所用土方相当。

④设置防逃围栏：根据实际需要设置防逃围栏。

（3）水稻栽培

①稻种选择：稻种选用金早 47 等品种。

②播种及插秧：3 月底至 4 月初，耕作整平稻田，水稻品种要求抗倒伏，播种前做好晒种、选种浸洗等准备，于 4 月上中旬抢晴播种，每亩播种量 4～5 千克，5 月上中旬移栽结束。插秧时宜采用塑盘育秧和机械插秧方法（图 4-23）。

图 4-23　机械化播种

（4）虾种投放

①投放时间和密度：冬春季养殖，12 月至翌年 2 月中旬放养虾种，规格 3～5 厘米，每亩投放 3 万尾左右；夏秋季养殖，8 月中旬至 9 月初放养当年培育的虾苗，规格为 2.5～3 厘米，每亩投放 4 万～5 万尾。

②投放方法：放苗宜晴天的早晨进行，同一虾塘虾苗要均匀，一次性放足，虾苗入塘时要均匀分布，并使其自然游散，不可压积。可同时向每口虾池投放花、白鲢老口鱼种，每亩为 15～30 尾，规格为 0.4～0.5 千克/尾。

（5）日常种养殖管理

①稻田管理：

• 水管理：播种后塌谷至秧苗二叶一心期保持田面湿润，以后浅水促分蘖；30 天后及时搁田，先轻后重，分次搁田，引根深扎；6 月上旬复水施保花肥；后期要干湿交替，不宜过早断水以免引起早衰；收割前 5 天左右停水，便于机械收割。虾的养殖前期每隔 3～5 天注水 1 次，逐步加高虾池水位；中后期每周注水 1 次，每次6～10 厘米；养殖期间用 10 毫克/升生石灰隔 20～30 天化浆泼洒。

重除草：早稻直播田除了在翻耕前消灭老草，在播种后重点抓“一封、二杀、三拔”三项措施。

• 合理施肥：早稻直播因群体较大、生育期长，总施肥量稍多，遵循“前重、中轻、补后足”的施肥原则，即前期多施肥，促进稻苗早发，多分蘖、长大蘖；中期少施肥或不施，控制群体生长，防止无效分蘖发生，提高成穗率；后期根据苗情补施穗肥或根外追肥。早稻收割后经大田过滤注水 30 厘米左右，每亩堆积充分发酵腐熟鸭粪 100 千克或泼施尿素 5 千克于大田及四角，培育生物饵料适度肥水，保持水质稳定。

②投饲管理：用颗粒饲料辅以米糠、麸皮等混合料泼洒投食，期间每隔半个月添加一定量的大蒜素等药物拌饵。遵循“四定、三看”原则以及虾体蜕壳等因素灵活掌控投喂量，日投喂量控制在 3%～6%，以散投在四周浅水区及附着物上为佳。

③日常管理：坚持巡塘，发现异常及时采取措施应对；检查养虾沟及进、排水口设施完好与否，以防青虾逃逸。

（6）收获上市　青虾养成后，在沟中放置几只地笼即可将青虾收获，也可用抄网等工具。先排去一半沟水，再用拖虾网捕捞，反复数次，将体长达到 4～6 厘米的大虾捕起来销售，留下的小规格虾继续饲养。全部起捕时可放干池水收捕。先将沟水排去 1/2，用拖虾网捕捞；当沟水排去 2/3 时，再用夏花网扦捕；最后干沟捕捉。起捕后销售前在清水网箱中暂养，确保鲜活虾体批量上市（图 4-24）。

图 4-24 青虾“太湖 1 号”捕捞

第三节 稻鳖综合种养模式

一、稻鳖综合种养模式

稻鳖共作，主要包括水稻田种稻的同时放养中华鳖模式和池塘养殖中华鳖的同时种植水稻两种模式。通过水稻与中华鳖的种养结合，中华鳖能摄食水稻病虫害，水稻又能将鳖的残饵及排泄物作为肥料吸收，不仅使得水稻的病虫害明显减少，提高了水稻产量，还改良了养殖环境，产出高品质的商品鳖，起到了养鳖稳粮增收的作用。

中华鳖（*Trionyx sinensis*）又称甲鱼。我国除宁夏、甘肃、青海和西藏外，其他各省份均有自然分布，尤以长江中下游以及广东、广西等地区为多。甲鱼是一种珍贵的水陆两栖性经济动物，营养丰富，味道鲜美，是高级滋补食品。甲鱼是我国传统的外贸畅销商品，在国际市场上供不应求，价格很高。近年来，由于滥用化肥农药，生态平衡遭到破坏以及盲目滥捕，致使资源严重衰退，产量锐减，市场价格直线上升。依靠捕捉天然甲鱼，已经远远不能满足国内外市场的需求，加速其人工繁殖和养殖已经成为必然的趋势。特别是开展稻田养殖，对于广大农民尽快脱贫致富、步入小康之路具有重要的经济和现实意义。

鳖的养殖长期以温室和半温室为主，生态养殖发展较慢。直到21世纪初，由于传统养鳖的发病严重，品质较差，以稻田养鳖为主的生态养殖以其高效益和高品质而引起广泛关注。

稻田养鳖的优势体现在如下方面：一方面，稻田为鳖生长提供了良好场所，生活环境宽畅，活动、摄食、晒背范围大，生长发育快、增重率高；另一方面，鳖又可为稻田疏松土壤和捕捉害虫，从而大大降低生产成本，提高经济效益。水稻和中华鳖形成一个自然生态食物链，稻田里的鳖，以田里的泥鳅、小鱼虾、田螺和水稻害虫为主要食物，养殖成本低，仿生态卖相好，而水稻不用化肥、农药，生产的大米属真正意义上的无公害食品，米质优价格高，有很好的社会和经济效益。

二、稻鳖综合种养分布

稻鳖系统主要分布在我国南方地区。浙江、湖北、江西、安徽等地，福建、江苏、天津等地也有报道。目前，农业农村部在浙江、湖北、福建等省建立稻鳖共作模式核心示范区5个，示范推广1 263.47公顷。

三、典型模式分析

（一）浙江稻鳖综合种养主要模式

稻鳖综合种养模式是浙江省稻渔综合种养的主要模式之一，主要分布在杭州、湖州、嘉兴、宁波、金华、衢州等地。由于各地的养鳖方法与稻作方式不尽相同，采用的稻鳖综合种养方法也有变化，在水稻种植上有单、双季稻田；在鳖的放养规格上，有稚鳖、小规格鳖种和大规格的鳖种；在鳖稻种养模式上有鳖稻共作和鳖稻轮作等。但主要模式可归纳为鳖稻共作和稻鳖轮作两种模式。

1. 鳖稻共作模式

鳖稻共作指稻鳖在相同的田块和季节进行种养，为当前主要的稻鳖种养模式。其主要的技术要点有：

（1）田间工程　养殖成鳖的稻田，无论是双季稻田还是单季稻田，均必须进行田间工程建设，主要内容包括加固、加高、加宽田埂，开挖沟、坑，开挖或铺设进排水渠（沟）或管道及防逃设施等。

①田埂：稻鳖综合种养的田块田埂的高度一般要高出水稻田0.4～0.5米，能保持稻田水位0.3～0.4米以上；稻鳖精养田块要求在0.5～0.8米。田埂较高，可以保持相对高的养殖水位，特别是当水稻收割后，可以蓄水养殖。

普通的田埂只是稻田田块与田块之间的区隔和工作人员的行走。田埂面宽不必过宽，人畜行走方便就行。稻田田块面积大的可以宽一些。一般的田埂面的宽度可在1.0～1.5米。

作为机耕路或主要道路使用的田埂，要通农机和运输车辆，一些还要绿化，在两边种一些花木，要求田埂面的宽度为2.5～3.0米（图4-25）。

图4-25　田埂面（一）

②进排水沟（渠）：进排水沟、渠可以用U形水泥预制件、砖混结构或PVC塑料管道建成，其沟、渠的宽度、深度根据养殖稻田的规模大小而定，一般深在60～70厘米，宽度在50～60厘米（图4-26）。进排水管道常用的有水泥预制或塑料管道，直径大小

一般可在 30～40 厘米。进水口与排水口可用直径为 20～30 厘米塑料管道铺设而成，呈对角设置。进水口建在田堤上；排水口建在沟渠最低处，由 PVC 弯管控制水位，能排干所有水。

图 4-26 田埂面（二）

③沟、坑：沟、坑的面积控制在 10%以内，以保障水稻的生产。布局有两种形式：一是环沟或条沟。环沟离田埂 3～5 米，利于田埂的稳定与水稻的适当密植；环沟的宽度和长度受沟、坑面积占比的影响。一般宽度为 3～5 米，长度要根据面积占比计算，面积占比不超过 10%。环沟深 0.8～1.0 米。沟有沿田埂边开挖，也有在稻田中开挖（图 4-27）。在田边开挖方便泥土用于田埂的加高、加固，宽度可以比环沟的宽度大一些（5～10 米），长度根据沟、坑面积占比的控制数而定，深度可以在 1.0～1.2 米。二是鱼

A

B

图 4-27 鱼 沟

A. 沿田埂 B. 稻田中间

坑。在养鳖的稻田鱼坑较为常用（图 4-28）。鱼坑一般为长方形，面积大小控制在沟、坑面积占比 10%以内。鱼坑的深度在 1.0～1.2 米，个数在 1～2 个。田块面积在 10 亩以下开挖 1 个，在稻田的中间或田埂边；稻田面积在 10 亩以上的可在稻田的两端开挖 2 个。

图 4-28　稻田鱼坑

④防逃设施：对于用水泥砖混墙和水泥板建成的防逃围墙，墙高要求 60～70 厘米，墙基深 15～20 厘米，防逃墙的内侧水泥抹面、光滑，能蓄水，四角处围成弧形。顶部加 10～15 厘米的防逃反边。对于用 PVC 塑料板、彩钢板、密网等围成的简易防逃围栏，高度在 50～60 厘米，底部埋入土 15～20 厘米，围栏四周围成弧形，每隔一段距离设置一小木桩或镀锌管，高度与围栏相同，起加固围栏的作用（图 4-29）。对于稻田进排水口的防逃设施，可以设置鱼网或金属网。

图 4-29　彩钢板材质围栏

（2）消毒　稻田消毒最常用的药物是用生石灰。用生石灰消毒，亩用约100千克的生石灰化浆后全田泼洒，重点在沟、坑。用生石灰全田泼洒除有消毒作用外，还有改良土壤的作用。

（3）放养方式　无论是双季稻田，还是单季稻田，其放养的鳖种规格、密度等要求相似，主要有3种放养方式：

①放养稚鳖：将刚孵化出的稚鳖直接放养在稻田中，直至养成。这一放养模式中，鳖的整个生长期均在稻田中。由于放养的稚鳖规格小，养殖3～4年后才能达到商品规格，因此，养殖周期太长，养殖风险较大。但由于养成的鳖在市场上被认为品质高，经品牌注册后，市场价格较高。

放养的稚鳖要经暂养驯食，脐带收齐，卵黄囊已经吸收，规格为3.5～4.0克以上，亩放养为1 500～2 000只。稻田中放养稚鳖养成鳖，由于养殖周期长，一般为分段养殖，即先将稚鳖培育成小规格的鳖种，经分养后再养殖成鳖。

②放养小规格鳖种：放养小规格鳖种，是指放养经一段时间培育后的小规格鳖种。

小规格鳖种的来源主要有两个：一是稻田培育而成。稚鳖在稻田培育池中养殖到翌年生长周期结束，个体规格达100～200克，经分养后直接放入稻田直至养成商品鳖。二是利用保温大棚培育的鳖种。保温大棚放养当年稚鳖，经翌年一年养殖后规格达到150～200克的鳖种。

放养这种规格的鳖种到养成商品规格，一般放养密度在每亩500只左右，还需要在稻田中养殖2年左右，养成的商品鳖质量与品质与直接放养稚鳖相差无几。

③放养大规格鳖种：在稻田中放养体重为400～500克以上的大规格鳖种。大规格鳖种的培育主要是温室培育。这种放养模式采用的是“温室＋稻田”的新型养鳖模式，可以实现当年放养、当年收获，养成鳖的质量安全与品质均能得到保障，是目前中华鳖养殖结构调整与鳖稻综合种养的主要模式。放养密度要根据田间工程建设的标准高低，养殖者经验、技术等情况而定。田间工程标准高、

养殖者有养殖经验的亩放养 500～600 只，条件一般的亩放养200～300 只。鳖种的质量要求是无病、无伤，体表光滑、有光泽，裙边坚挺及肥满度好的鳖种。

（4）放养季节　鳖要放养到露天水域中，一般要求水温要稳定在 25℃以上。各地因地理位置不同，气候差异较大，水稻种植与鳖的放养季节差异较大。在长江流域鳖的主要养殖区和水稻种植区，双季稻田一般在 4 月中下旬至 5 月上中旬，单季稻田则在 5 月中旬开始。在放养时，如果水稻还未插种或未返青，可以先放入沟、坑中，待水稻插种返青后再放入大田中。如果插种的水稻已经返青，可以直接将鳖种放入稻田。稚鳖的放养要尽量放养早期稚鳖，一般在 7 月就要放养。

作者开展了不同茬口的技术试验。选择规格大小基本一致的 8 块田开展不同放养密度的试验，设置 4 个梯度的放养密度，分别为 400 只/亩、600 只/亩、800 只/亩和 1 000 只/亩，重复 2 个平行。中华鳖品种为本地种，放养规格为 100～200 克/只，水稻品种为公司培育的清溪 10 号，种植密度 8 000 株/亩（表 4-5）。

表 4-5　稻鳖综合种养模式下不同中华鳖放养密度的试验结果

放养密度（只/亩）	先鳖后稻		先稻后鳖	
	水稻产量（千克）	中华鳖增产（千克）	水稻产量（千克）	中华鳖增产（千克）
400	464	174	609	155
600	446	248	593	228
800	417	332	633	306
1 000	384	357	592	320

结果可见，在每亩放养 400 只、600 只、800 只和 1 000 只 4 个梯度情况下，先鳖后稻亩产量分别为 464 千克、446 千克、417 千克和 384 千克；先稻后鳖亩产量分别为 609 千克、593 千克、633 千克和 592 千克。先稻后鳖水稻亩产量明显高于先鳖后稻的亩产量，且水稻产量随中华鳖放养量的增加呈递减趋势。同时，随着中华鳖放

养量的增加，养殖过程中中华鳖增重量也随之增加。因此，先稻后鳖不仅可以获得水稻高产，还在实际操作中也较为方便。

（5）饲料投喂 稻鳖共生的稻田，鳖的放养密度是一个十分重要的参数，放养少，控制虫害、杂草及肥田的效果不明显，鳖稻综合种养的效益也不能充分显示，因此要有合理的养殖密度。

稻田中有鳖的天然饵料，如各类底栖动物、水生昆虫、螺蚬、野生小鱼虾及水草等，但这些天然饵料不足以满足放养鳖的生长发育需求。因此，必须投喂人工配合饲料。

鳖的饲料有粉状料和膨化颗粒饲料两种，近几年来，膨化颗粒饲料的使用越来越普遍。当水温达到并稳定在 28℃、不超过 35℃时，要加大投喂量。日投喂占体重的 2%～3%，小规格鳖种的日投喂率 3%～4%。日投喂 2 次，上、下午各 1 次。当水温下降时，逐步减少投喂量，投喂的场所设置在开挖坑中的投饲台（框）内。当水温下降到 22℃以下时停止投喂（表 4-6）。

表 4-6 江浙一带季节水温变化与日投饲率的关系

月份	5 月	6 月	7 月	8 月	9 月	10 月
水温（℃）	22～27	25～28	28～32	28～34	28～32	20～25
日投饲率（%）	1.0～2.0	2.0～2.5	3.0～4.0	2.5～3.5	2.0～3.0	0.5～1.0

（6）日常管理 稻鳖共生，养鳖管理除要充分协调种稻与养鳖的关系外，还要注意以下几个方面：一是要防逃。鳖在稻田沿着防逃围栏周边爬行，尤其刚放养后、或遇到天气闷热、下雨天等，如遇到防逃围栏破损、田埂有漏洞、倒塌，会引发鳖的出逃，特别是稚鳖或小规格的鳖种。二是鳖的摄食、活动状况。稻田水浅，田水环境与其他水域环境相比容易变化，不稳定，因此，要随时观察鳖的活动与摄食情况。此外，要定期抽样检查鳖的生长情况。三是要根据水稻种植需要的实际情况，尽量提高稻田的水位。尽管鳖是爬行动物，对水的要求不如鱼、虾等养殖其他品种，但如能保持适当的水位将有利于鳖的生长。四是做好日志。记录在种养过程中一些重要的事项，如放养、投喂、抽样检查以及病害发生与防治等

情况。

2. 鳖稻轮作模式

鳖稻或稻鳖轮作，是一种常见的稻鳖综合种养的模式。其主要利用有两种：一是鳖池种稻，进行鳖稻轮作（图 4-30），稻田可以养鳖；反之，养鳖池塘也可以种稻，即养鳖后在鳖池里种植一茬水稻，称为鳖稻轮作。二是稻鳖轮作，即稻田种植一茬或数茬水稻，养殖一茬鳖。

图 4-30　鳖池种稻

[鳖池轮作水稻]

（1）轮作鳖池的要求

①鳖池池底：轮作池塘的底部土壤为泥土，池底较平整，以抬高塘埂为主建成的鳖池为好。

②鳖池面积：单个的鳖池面积不宜太小，一般要求在 3～5 亩以上，面积小不利于田间操作与管理。

③鳖池深度：轮作池塘一般要求池塘不深，水较浅。在养鳖时水深在 1 米左右，在种植水稻时可以将水较快排干，特别是在多雨季节排水方便，不会发生洪涝灾害。

（2）水稻种植与管理

①水稻种植：轮作鳖池的水稻种植一般种植单季稻，水稻品种的要求为抗病虫能力强、叶片角度小、透光性好、抗倒、分蘖强、成穗率高、穗大、结实率高的优质迟熟高产品种，目前较为合适的有甬优 538、嘉优 5 号、嘉禾 218、浙中优系列等。

②插秧季节与方式：各地插秧季节因地理位置差异而有不同，在长江流域一般 4 月中下旬就可以播种。播种的方式多样，但养鳖池塘由于土壤肥，插种密度要适当低些，以增加透气性。可采用大垄双行的插种，每亩种植为 0.6 万～0.8 万丛。

③水稻管理：轮作鳖池在水稻种植期间，水稻是唯一的管理对象。因此，在整个水稻生长发育期间，根据水稻种植的管理技术规范进行，包括水位管理、搁田、水稻收割等。鳖池轮作水稻一般不需要施肥和使用农药。

（3）鳖的养殖　当水稻收割后，种植过水稻的鳖池又重新可以养鳖。

①轮作鳖池的清整消毒：水稻收割后，对轮作鳖池进行检查、修整与消毒。一是要检查鳖池的塘埂及防逃设施、进排水渠或管道等设施是否破损，发现问题及时修复；二是要杀菌消毒，将水稻收割后的鳖池池底曝晒干裂，利用阳光杀菌，在鳖放养前约一周，每亩用 100～150 千克生石灰带水化浆消毒，杀灭病原菌。

②鳖的放养：一是放养季节。水稻收割后，鳖池进行整修消毒后，可根据实际情况进行放养。如果放养经稻田、保温大棚、露天池塘培育的鳖种，由于这些培育鳖种设施中的水温与要放养的鳖池水温无差异，可利用初春在鳖种培育过程中对鳖种分养时进行放养；如放养大棚温室培育的大规格鳖种，则要在水温稳定在 25℃以上时放养较合适，长江流域一般在 6 月初。二是鳖的放养规格与密度。鳖池经过一季水稻种植后，养殖条件有了显著的改善。放养的密度与规格根据鳖种的来源和商品鳖的养殖周期而定。如养殖周期为一年的，则要放养大规格的鳖种，一般要求体重在 0.4～0.5 千克，放养量为 1 000～1 200 只/亩，经过一个生长周期的养殖，规格可达 0.75 千克以上，可起捕上市。小规格的鳖种，要养殖 2 年左右才能达到 0.5～0.75 千克的规格。放养密度为每平方米放 100～200 克的小规格的鳖种 2～3 只。

③鳖的饲养与管理：鳖的饲养与管理按照专养鳖池的技术要求进行。主要是做好鳖池的水质控制、饲料投喂及病害防控等。池水

透明度控制在30～40厘米，并保持水质清爽，水的透明度太大，会增加发生病害的风险。投喂的饲料提倡用膨化颗粒饲料，日投饲率根据鳖的规格大小和水温的变化而变，一般生长旺季为2%～4%，25℃以下为1%～2%。日投喂2次，上、下午各1次。当水温下降到22℃以下时，减少投喂直至停止投喂。鳖的病害主要是以防为主。鳖池种植水稻后，鳖的病害会相对较少，平时主要做好鳖种放养时的消毒，不定期地用20毫克/升浓度的生石灰进行水体消毒。

[稻田稻鳖轮作]

对于稻田土壤肥力较差或低洼田可以进行稻鳖轮作。稻田在水稻收割后将田埂抬高蓄水，进行鳖的专养；当鳖收捕后，再种植水稻。稻田轮作的好处在于稻田与鳖均可以根据稻、鳖的生长发育特点进行种植或养殖。鳖在稻田中的养殖通过残饵、排泄物等为下茬水稻的种植培育了土壤肥力，提供了优质的有机肥料；同时，水稻吸收了稻田中的有机物质，为鳖的轮养提供了良好的环境。稻田鳖稻轮作提倡在水稻低产区、稻田土壤肥力不足的区域推广。

（1）水稻种植　轮作稻田的水稻种植一般种植单季稻，水稻品种的要求与稻鳖共生模式中对水稻品种的要求一样，抗病虫能力强、叶片角度小、透光性好、抗倒、分蘖强、成穗率高、穗大、结实率高的优质迟熟高产品种，目前较为合适的有甬优538、嘉优5号、嘉禾218、浙中优系列等。长江流域稻区在4月中下旬可以播种，可以按大垄双行插种，每亩种植0.8万～1.0万丛，产量达500千克左右。稻田的施肥要看稻田的土壤肥度。对于已经养过鳖的稻田，往往稻田土壤肥力较好，可不施肥或少施肥；如稻田之前尚未养过鳖，则要适当施一些有机肥。在水稻播种后，按水稻的种植技术要求进行管理。

（2）鳖的养殖　在水稻收割后，稻田经过适当整修后可以放水养鳖。在轮作稻田中进行鳖的养殖，一般要求在养殖1～2个生长周期后起捕。鳖的放养与饲养管理要根据鳖的养殖技术要求而定。

• 稻田的改造与准备：对于稻鳖轮作的稻田，第一次轮作中华鳖时要对稻田进行改造，改造的主要内容是防逃设施建设，沟、坑的开挖，进排水管道的完善等，使原来适合于种稻的田块也适合于鳖的养殖，具体参照前述“田间工程”一节。

在放养鳖之前，对稻田的田间设施如防逃设施、进排水管道等进行检查，以确定设施的完整。在鳖坑处设置投饲台，并对稻田特别是沟、坑，用100～150千克/亩生石灰消毒。

(3) *鳖种放养* 稻田要以种稻为主，轮作养鳖的周期不要太长，最好是当年放养，当年收捕。因此，以放养大规格的鳖种为宜。要求当年起捕收获的，放养鳖种的规格要求0.4～0.5千克，放养密度约1.0只/米^2，经过一个生长周期养殖后，可以达到上市规格，起捕上市。

对于一些土壤肥力较差的稻田，可以轮养2年。放养的鳖种可以为稻田或保温大棚培育的鳖种，规格为100～200克，放养密度为1.5～2只/米^2，养殖2年养成规格为0.5～0.75千克的商品鳖；或放养0.4～0.5千克以上的大规格鳖种，养成1.0～1.5千克的大规格商品鳖。

(4) *鳖的饲养与管理* 与鳖稻共生的稻田不同，在轮作稻田中鳖的轮养期间，饲养管理的对象是轮养的鳖，因此，应按照鳖的饲养与管理措施进行。具体要注意以下几点：

①稻田的清整消毒：水稻收割后，清理、加固、加高田埂四周，检查修复防逃设施；首次轮养的稻田还要设置防逃设施、投饲台等。放养前，用生石灰消毒，用量为150～200千克/亩。

②提高水位：在鳖的轮养期间没有水稻种植，因此要尽量提高水位，为鳖提供较为稳定的水体。一般水位提高到40～50厘米。

③合理投喂：轮养的稻田，鳖的放养密度较高，饲料投喂要根据专养鳖池的饲养管理要求，做到定时、定点、定质、定量的“四定”投喂原则。

(二) 湖北鳖虾鱼稻共作模式

1. 模式概述

湖北鳖虾鱼稻共作模式在原有稻田养鳖技术基础上，通过选用不需晒田、抗倒伏、抗病虫害、产量高的优质水稻品种和主养中华鳖，配养小龙虾以及放养滤食性鱼类改善水质，达到鳖虾鱼稻共生互利，立体循环、生物防控、节能环保，实现稻田高产、高质、高效的“三高”和“一水两用、一地双收”，取得了很好的效果。

2. 技术要点

（1）稻田选择　稻田要求环境安静，交通便利，地势平坦，通风向阳；水源充足，水质优良，附近无污染源，旱不干，雨不涝，排灌自如；田埂结实坚固，不渗漏水；底质为壤土，田底淤而不深。

（2）田间工程

①开挖环沟：沿稻田田埂内侧四周开挖供水产养殖动物活动、避暑和觅食的环沟（图 4-31），沟宽 1.5～2.5 米、沟深 0.6～0.8 米，环沟面积占稻田总面积的 8%～10%。开挖环沟时要注意预留供插、割机器进出通道。

②进、排水口设置：进、排水系统建设结合开挖环沟综合考虑，进水口和排水口呈对角设置，进水口建在田埂上，排水口建在沟渠最低处，用聚乙烯塑料弯管控制水位，确保能排干环沟内所有的水。与此同时，进、排水口设置钢筋栅栏，以防养殖的水产动物逃逸。

③田埂建设：利用开挖环沟的泥土加高、加宽、加固田埂。田埂打紧夯实，确保不裂、不垮、不渗漏水，以增强保水和防逃能力。改造后的田埂，高度高出稻田平面 0.5～1.0 米，埂面宽1.5～2.0 米，堤坡度比 1：（1.5～2.0）。

④设置防逃围栏：在四周田埂上人工安置石棉瓦防逃墙，设置方法为：将石棉瓦埋入田埂泥土中 30 厘米，露出地面高 40 厘米，每隔 80～100 厘米处用一木桩加以固定，确保风吹不倒塌。稻田四角转弯处用双层瓦做成弧形，以防止鳖、虾沿墙夹角攀爬外逃。

⑤设置晒台、饵料台：晒背是鳖的特性，晒背既可提高鳖体温促进生长，又可利用太阳紫外线杀灭鳖体表病原，提高鳖的抗病力

和成活率，因此，稻田内必须设置晒台。晒台和饵料台合二为一，具体做法：在环沟中每隔 10 米左右设 1 个饵料台，长 2.0 米、宽 0.5 米，饵料台长边一端架在环沟埂上，另一端没入水中 10 厘米左右（图 4-32）。

图 4-31　环沟开挖

图 4-32　设置晒台、饵料台

（3）水稻栽培

①稻种选择：稻种应选择抗病虫害、抗倒伏、耐肥性强、可深灌的紧穗型水稻品种，如扬两优 6 号、丰两优香一号等。

②稻田准备：

• 环沟消毒：环沟挖成后，在苗种投放前 10～15 天，用生石灰带水消毒 1 次，以杀灭沟内敌害生物和致病菌，预防鳖、虾疾病发生。

• 环沟布置：在环沟内移栽轮叶黑藻、水花生等水生植物，栽植面积占环沟面积的 30％左右，以零星分布为好。清明前后，向环沟内投放活螺蛳，以净化稻田水质和为鳖、虾提供天然饵料。

③秧苗移栽：秧苗在 6 月上旬前栽插，采用宽窄行栽秧的方法，以便让体重 1 千克左右的成鳖能在稻田间正常活动，移栽密度为 30 厘米×18 厘米（宽行 40 厘米×18 厘米、窄行 20 厘米×18 厘米）。

（4）苗种投放

①鳖种选择：选用纯正的中华鳖，该品种生长快，抗病力强，品味佳，经济价值较高。

②苗种投放：

• 鳖种：鳖种投放时间最好选在稻秧移栽成活（或植根）后的晴天进行，以避免机械整田时造成鳖种受伤。鳖种在投放前应进行消毒处理，用15～20毫克/升的高锰酸钾溶液浸浴15～20分钟或1.5%浓度的食盐水浸浴10分钟（图4-33）。鳖种放养密度为100只/亩，放养规格为500克/只左右，要求体健无伤，不带病原。

图4-33 鳖苗投放前进行消毒

• 小龙虾：小龙虾亲虾投放时间为上年8～10月，幼虾投放时间为当年3～4月。每亩投放亲虾20～25千克，规格30克/只以上；每亩投放幼虾50～75千克，规格200～400只/千克。放虾作用：a. 可以作为鳖的鲜活饵料；b. 可以将养成的成虾进行市场销售，增加收入。

• 鱼：鱼种选用花鲢、白鲢等滤食性鱼类，放养量适中，以起到净化稻田水质和为鳖提供天然饵料的作用。苗种放养时都需进行消毒处理。

(5) 日常种养殖

①稻田管理：水稻生长期间要定期检查水稻生长情况（图4-34）。除此以外，还应做好以下几方面的工作：

• 水位控制：4～5月，在鳖种投放、水稻未移栽前，稻田环沟水位控制在100厘米以上，以便田间小龙虾生长、捕捞。6月上旬，为方便耕作及插秧，先将稻田裸露出水面进行耕作，插秧后再

图 4-34　定期检查水稻生长情况

将田面水位提高至 10 厘米；鳖种投放后，除晒田外，水位根据水稻生长和养殖品种的生长需求，适当增减水位。7～9 月，稻田水位控制在 20～30 厘米，以便鳖在田间活动。10 月，水稻收割后立即提高稻田水位至 30 厘米，这样可使稻蔸露出水面 10 厘米左右，既可使部分稻蔸再生，又可避免因稻蔸全部淹没水下，导致稻田水质过肥缺氧，而影响鳖、虾的生长。12 月至翌年 2 月，鳖、虾在越冬期间，稻田水位控制在 40～50 厘米。平时适时加注新水，每次注水前后水的温差不超过 3℃，以避免鳖、虾感冒致病。高温季节，在不影响水稻生长的情况下，适当加深稻田水位。

• 施肥与控水：水稻管理围绕“防倒”进行，采用“二控一防技术”。即：一控肥，整个生长期不施肥。二控水，方法是早搁田控苗，分蘖末期达到 80％穗数苗时重搁，使稻根深扎；后期干湿灌溉，防止倒伏。

• 科学晒田：晒田采取的是轻晒和短期晒，即晒田时，使田块中间不陷脚，田边表土不裂缝和发白，以见水稻浮根泛白为适度。田晒好后，及时恢复原水位，以免导致环沟水产动物因长时间密度过大而产生不利影响。

②投饲管理：鳖为偏肉食性的杂食性动物。稻田中鳖的饵料主要来源于两个方面：a. 稻田中投放的活螺蛳、捕剩的小龙虾以及

放养的小型鱼类等天然饵料。b. 人工投喂的饵料。人工投喂时，要以动物性饵料为主，日投喂量视水温、气候和鳖的摄食情况而定，一般为鳖体总重的5%～10%，投喂次数为1～2次。为满足体弱鳖的摄食，稻田中要经常适量添加天然饵料。鳖种下田3～5天后开始投喂，当水温降至18℃以下时，停止饵料投喂，饵料投在露出水面的饵料台中。

③日常管理：水稻生长期间要每天坚持到稻田巡查，观察养殖水产动物的摄食活动情况；检查防逃设施及稻田水质；发现其他问题及时进行处理。

（6）收获上市

①小龙虾：3～4月放养的幼虾，经过2个月的饲养，部分小龙虾能够达到商品规格。将达到商品规格的小龙虾捕捞上市出售，未达到规格的继续留在稻田内养殖。小龙虾捕捞的方法是用虾笼和地笼网捕捉。鳖种下池后禁捕小龙虾，未捕尽的小龙虾留作鳖的饵料。

②鳖：11月中旬以后，采用地笼和干塘法将鳖抓捕上市。

③鱼：采用干塘法将抓捕上市。

3. 模式案例

湖北省赤壁市车埠镇芙蓉村十组廖家庄村民吴孝，2012年鳖虾鱼稻养殖面积为3.2公顷，养殖结果见表4-7至表4-9。

表4-7　湖北鳖虾鱼稻共作投放种情况

品种	时间	规格（克/尾、只）	投放数量（千克）	每亩投放量（千克）
中华鳖	2012-06-18	400～600	1 600	33.3
鲫鱼	2012-06-24	50	400	8.3
稻	2012-07		86	1.8

表4-8　湖北鳖虾鱼稻共作收获情况

品种	总产量（千克）	平均规格（克/只）	每亩产量（千克）
小龙虾	2 296	35	47.8
稻	21 840		455

表 4-9 湖北鳖虾鱼稻共作经济效益

项目	品种	金额（元）	合计（元）
开支	基建（沟溜、防逃、哨棚、水电等）	45 300	317 100
总利润			472 689
亩利润			9 848

（三）福建稻鳖共作模式

1. 模式概述

稻鳖共作，突破粮田技术模式创新，发挥稻田资源优势，在种好粮食的同时增加养殖水产品，提高单位面积的经济效益。

2. 技术要点

（1）稻田选择　养殖稻田要求选择水源充足、水质良好、排灌方便、环境安静的地方。每块稻田面积不宜过大，以 3～10 亩为宜，便于养鳖的操作管理。

（2）田间工程

①开挖坑塘：4 月结合春季整地，在进水口田埂边缘处开挖深 0.5 米、面积占田面 5%～8%的坑塘。坑壁用木板、竹片加固，坑塘和大田之间筑一小田埂。栽秧后，待秧苗返青，根据田块大小开挖成“十”“井”“田”字等形状的沟（图 4-35），沟宽、深各 0.35 米和 0.4 米。要做到坑沟相通，移出的禾苗移栽鱼沟的两边。田埂种上田埂豆，坑塘上搭棚种瓜。

②进、排水口设置：进、排水口呈对角设置。在稻田的进、排水口安置密眼的铁丝网，防止鳖苗外逃。

③田埂建设：鳖苗投放前，分次将田埂加高加宽到 0.3 米和 0.4 米，并夯实、加固。

④设置防逃围栏：在稻田四周设置防逃围栏。防逃围栏选用规格 0.5 米×0.5 米彩钢瓦制成，沿田埂四周内侧布设，每间隔 1 米用竹竿或木棍固定，防逃围栏下部埋入地下 0.25 米（图 4-36）。

（3）水稻栽培

图 4-35 “十”字田沟

图 4-36 稻鳖共作防逃网

稻种选择：选择耐肥、抗病力强、茎秆粗壮、不易倒伏、品质优良的品种，水稻品种有优质稻 65002、汕优 10 号等（图 4-37）。

图 4-37 汕优 10 号水稻

（4）鳖苗投放

①鳖种选择：幼鳖选择体质健壮、体表光泽富有弹性的本地中华鳖种，幼鳖体形丰润、体薄、裙边宽厚、腹部白底有明显的黑斑。投放同池的幼鳖规格要整齐。

②投放时间和密度：鳖苗放养时间为 7 月下旬（图 4-38）。幼鳖下塘前须进行消毒，用 20 毫克/升的高锰酸钾溶液浸泡 20 分钟。每亩稻田投放螺蛳 50 千克。

图 4-38　鳖苗投放

(5) 日常种养殖管理

①稻田管理：由于养鳖的残饵和粪便等可作水稻的肥料，因此稻田不用施肥。

②投饲管理：投放的鳖除摄食投放的螺蛳及稻田水中的害虫外，还须辅以配合饲料。配合饲料以专用品牌甲鱼饲料为主，搭配30%～40%新鲜或冰冻的小杂鱼或白鲢、螺蛳、鸡肝等。在投喂上做到定点、定质、定量，直接投在饵料台上，投喂时间为05：00和19：00。同时，在饵料台上方悬挂黑灯光，20：00～24：00开灯诱虫。

③日常管理：坚持早、中、晚巡田，常观察、检查鳖的活动、生长情况和水稻的长势、病害情况；常检查田埂是否有漏洞，防逃设施是否牢固、破损；及时驱赶蛇、白鹭等敌害生物；随时注意坑沟水质，常排换水，疏通沟；特别是在下雨和打雷时要及时做好防洪、防逃工作；保持坑塘卫生，经常清除坑塘杂草，及时捞出坑塘污物，捞出病鳖、残饵；保持周围环境安静，避免各种惊扰，禁止闲杂人员随便进入，为鳖的生长营造良好的环境。

(6) 病虫害防治

①水稻病虫害防治：稻鳖生态种养，由于鳖能吞食一些水稻害

虫，因此水稻基本不发生病害。一定要做好水稻病害的监测工作，把水稻病虫害控制在发病的始发期。一旦发生虫害，可施适量农药以消灭水稻病虫害。药物防治宜用高效低毒农药，药物施用应符合 SC/T 1135.1—2017 的要求。

②鳖的病害防治：主要是做好鳖的防病工作：a. 要注意坑沟水质不宜过肥，常排换水；b. 饲料的营养质量要保证，在营养需求上要均衡且能满足鳖的生长需要。

（7）收获上市　一般放养 100 克/只规格的幼鳖水稻田，可在水稻收割后即可捕获上市；而放养 30 克/只规格的幼鳖则让其自然在稻田越冬，待翌年水稻收割后再捕获。

第四节　稻鳅综合种养模式

一、稻鳅综合种养模式

稻鳅共作是秉承生态农业理念，挖掘稻田生产潜能和物质的循环利用，将种植水稻与养殖泥鳅有机地结合在同一生态环境中。通过泥鳅在稻田中进行水层对流及物质交换，增加底层水中的溶氧，排泄物能及时补充肥料，促进水稻的生长，提高稻米产量和质量，达到稻鳅共生互惠互利的作用。

泥鳅（*Misgurnus anguillicaudatus*）是小型杂食性鱼类，广泛分布在我国青藏高原外的各地河川、沟渠、水田、池塘、湖泊和水库等天然水域中，尤其是长江和珠江流域中、下游地区分布更广，产量更高，是我国主要的经济鱼类之一。过去供应国内外市场的商品泥鳅，主要依靠捕捉野生泥鳅。近年来，由于环境污染，泥鳅的产卵繁殖环境及天然饵料资源遭到严重破坏，导致天然泥鳅资源锐减，已经远远不能满足市场需要，泥鳅的养殖业因此得到迅速的发展。在国外，日本有 50 多年的养鳅历史，我国的台湾、江苏、浙江、湖南、湖北、广东及上海等省（直辖市），在捕捞野生泥鳅蓄养出口的基础上，开展了人工繁殖和养殖研究，取得了一定经验，其中，稻田养鳅是最广泛的养殖方式之一。泥鳅苗种及饲料比较容易解决，养殖方法简单，经济效益较好。我国稻田面积广阔，自然条件优越，发展泥鳅的稻田养殖，是当前农村的一项有广泛发展前景的新兴产业。

稻田养殖泥鳅，能够充分利用稻田资源，并且有效减少稻田害虫，发挥泥鳅的松土、供肥、除草等功效，从而有助于降低农药化肥的使用和污染，同时又能提高稻米产量，生产出优质无公害稻米。泥鳅具有底栖性，食性杂，善于逃跑，容易避开稻田施肥、打药及晒田的特点。

二、稻鳅综合种养分布

稻鳅系统在我国分布广泛，河南、浙江、江苏、河北、湖北、重庆、天津、湖南、安徽均有报道。目前，该模式在浙江、湖南、安徽、四川等省建立核心示范区 4 个，核心示范区面积 180 公顷，示范推广 875.33 公顷。

三、典型模式分析

（一）浙江稻鳅共作模式

1. 模式概述

稻鳅共作模式，是指在水稻田里通过一定的田间工程的改造，合理套养一定数量的泥鳅，发挥泥鳅松土、供肥、除草等功效，实行稻鳅共生，以取得生态环保、高产高效的一种模式。这种模式实现了“田面种稻，水体养鳅，鱼粪肥田，稻鳅共生”的效果，是一种把种植业和水产养殖业有机结合起来的立体生态农业的生产方式，它符合资源节约、环境友好、循环高效的农业经济发展要求。浙江省作为农业农村部《稻田综合种养新型模式与技术示范与推广》的实施单位之一，积极开展了稻鳅共作养殖的试验示范。通过建立省级示范点，进行养殖示范试验，确定科学合理的稻田改造参数、探索稻鳅模式下适宜的泥鳅放养密度，建立茬口衔接、水稻和泥鳅日常管理、防逃、病虫害防治以及水稻收割与泥鳅捕捞等技术，目前已形成一套比较成熟规范的稻鳅共作模式，取得了显著的经济和生态效益。稻鳅共作，突破粮田技术模式创新，发挥稻田资源优势，在种好粮食的同时增加养殖水产品，提高单位面积经济效益，不失为一种生态、高效、环保、健康的现代农业种养结合模式，实现了农业增效、农民增收。

2. 技术要点

浙江稻鳅共作模式的茬口安排如下：

在水稻插秧前放养（即先鳅后稻模式）：春耕后一般在3～4月提前放养鳅种，可每亩放养规格为300～400尾/千克的鳅种50千克左右。由于近年来自然环境的改善，浙江地区白鹭较多，在水稻插秧前放养的鳅种，待插秧后因田面有水，鳅种会进入稻田，容易被白鹭掠食。因此，水稻插秧前放养鳅种，应该在主沟和大田间设置隔离网片。这种模式的优点是，既可以有效解决白鹭掠食问题，又能有效延长泥鳅的生长期，提高泥鳅的产量。

在水稻返青后放养（即先稻后鳅模式）：一般在5～6月放养鳅种。鳅苗放养前10天左右，每亩稻田用生石灰30～40千克或漂白粉1.0～2.5千克，兑水搅拌均匀后泼洒，杀灭田中的致病菌和敌害生物，如蛙卵、蝌蚪、水蜈蚣等。选择晴好天气放养泥鳅。每亩放养120～150尾/千克的鳅种50千克左右。这种模式的优点是，大规格鳅种成活率更高，且无须采取防白鹭掠食措施。

（1）稻田选择　选择水源充足、进排水方便、不受旱涝影响的稻田，水质清新无污染，田块底层保水性能好。稻田土质肥沃，以黏土和壤土为好，有腐殖质丰富的淤泥层。产地开阔向阳，光照充足，面积以10～15亩为宜。

（2）田间工程

①开挖鱼沟与鱼坑：一般采用边沟加鱼坑对稻田进行基础设施改造（图4-39）。也有部分试点采用稻田中间“十”字沟形式，但

效果不如前者。沟坑的开挖，主要根据稻田放养泥鳅的规格和数量以及预期产量而定。水稻插秧前，在每块稻田四周挖鱼沟（边沟），沟宽 0.5 米、沟深 0.5 米（图 4-40），挖出的土方用于加高田埂。水稻插秧结束后，在不影响水稻正常生长的情况下，对田间沟再进行清沟，把插秧时的淤泥清理出来，使边沟达到 0.4～0.5 米深，以充分利用稻田的边际效应；在稻田边沟处开挖一个长 4～5 米、宽 0.8 米、深 0.6 米的鱼坑，并在鱼坑上方设置一些遮阳网，便于烈日下泥鳅栖息与遮阴（图 4-41）。开挖总比例控制在田块面积的 10％左右。

图 4-39 养鳅稻田改造

图 4-40 稻鳅共作鱼沟

图 4-41 稻鳅共作鱼坑

②进、排水口设置：进、排水口宜设在稻田的斜对角，用聚乙烯塑料管埋好进水和出水管，夯实田埂，并在进、排水口安装

拦鱼栅，进水口用60～80目的聚乙烯网布包扎；排水口处平坦且略低于田块其他部位，排水口设一拦水阀门，方便排水；排水口处要设有聚乙烯网栏，网孔大小以不阻水、不逃鳅为度，做到能排能灌。

③田埂建设：田埂建设以不破坏耕作层为前提，加宽、加固田埂、夯实田埂。田埂高出田面0.3～0.5米，确保可蓄水0.25米以上。埂内侧埋下聚乙烯网布或塑料布等防逃设施，以防止泥鳅钻洞逃逸。

④设置防逃设施：稻田养鳅试验成功与否的关键之一是，能否做好防逃工作。田块四周应是宽度在1.5～2米已充分沉降的埂基或道路，否则必须在该埂基四周重新埋设一道防逃网片。网片设置可采用20～25目的聚乙烯网片，距上水口20～30厘米，用木桩或小竹竿固定，并埋入土下15～20厘米。进、排水口是泥鳅逃跑的主要部位，必须做好双重保险的防逃措施。同时，在稻田养殖区域的外河水域中，可放置数只虾笼再行观察，如发现外河中出现过多的泥鳅，则表明养殖泥鳅存在外逃可能，必须及时检查防逃设施。

(3) 水稻栽培

①稻种选择：一般选用单季稻为好。水稻品种选择以水稻生育期偏早、茎秆粗壮、株型中偏上、耐肥抗倒性高、分蘖力和抗病虫害能力强且高产稳产的优质丰产水稻品种为宜，如甬优9号、甬优12、甬优15等均为适宜稻鳅共生的水稻品种。

②稻田栽前准备：插秧前用足底肥，以有机肥为主，少施追肥。稻秧插播后，尽可能不使用农药，确保泥鳅安全。

③秧苗栽种：晚稻种植适时早栽，一般插秧期在5月中下旬。插秧做到合理密植，在鱼沟和鱼溜四周增加栽秧密度。栽插规格要求：每亩插10 000～12 000丛，一般采取机插。插播时适当密植，采取机插机收。插秧前用足底肥，少施追肥。

(4) 鳅苗放养

①鳅苗选择：鳅苗可来源于人工繁殖或野生，外购鳅苗应经检

疫合格。选择活动自如、体色鲜明、全身光滑、有光泽、规格一致、健康无病、活力充沛的鳅苗。泥鳅苗种在采购过程中必须严格把关，应符合养殖苗种的质量要求。要减少运输环节，并要采取带水运输的方法，提高放养鳅苗的成活率。

②投放时间和密度：鳅苗的放养可选择在插秧前，也可以选择插秧后。插秧后放养泥鳅模式，一般建议放养大规格鳅种。根据产量和水体承载能力测算，一般每亩产量以100千克左右较为适宜。放养鳅苗前先用15～20毫克/升的高锰酸钾溶液浸浴10分钟，或用1.5%～3%的食盐水消毒10～15分钟。鳅苗放养时要将经消毒处理的鳅苗连盆移至田水中，缓缓将盆倾斜，让泥鳅自行游出，避免体表受伤（图4-42）。

图4-42　鳅苗放养

（5）日常种植、养殖管理

①稻田管理：

• 水位水质：需保持稻田水质清新。若发现水色变浓，要及时换水，水深保持30厘米左右。在高温季节，要加深水位，防止泥鳅缺氧。水稻分蘖前，用水适当浅些，以促进水稻生根分蘖；水稻拔节期也需要适当加深水位。养殖前期每隔3～5天注水1次，中后期每周注水1次，每次6～10厘米；同时，每隔20～30天施用益生菌微生物制剂（如活水宝、EM原露等），维护水体。

• 合理施肥：稻鳅共作稻田施肥原则是适度施肥。水稻种植后经大田过滤注水30厘米左右，每亩堆积充分发酵腐熟鸡粪50千克于大田及四角，培育生物饵料使肥水有度、保持水质稳定性。养殖泥鳅的水稻田中施肥的要求是：以施基肥为主，追肥为辅；以施有机肥为主，化肥为辅。基肥必须在鳅种放养前施放，施追肥要根据水稻泥鳅的生长情况灵活掌握。每亩若施家禽、家畜有机肥，一次施用50～60千克；若施尿素、钾肥等化肥，一般一次施用尿素4～6千克、钾肥2～4千克。养殖泥鳅的水稻田忌用碳酸氢铵、氯化铵等化肥。为减少化肥对泥鳅的影响和伤害，施用化肥时，先排浅水稻田，使泥鳅进入鱼沟、鱼坑内，然后全田普施，施肥后再逐渐加水。

•科学晒田：晒田时，需将水缓缓放出，使回流到沟坑内，保持沟坑水位40厘米以上，并加强水质管理。水质过浓或温度过高，会造成泥鳅病害或浮头。晒田后要及时灌水，确保泥鳅安全过冬。

②投饲管理：在水稻田放养泥鳅，可以利用田中蚯蚓、摇蚊幼虫、水蚤和杂草等天然饵料生物，给泥鳅投喂少量的饲料，即可获得较好的经济效益。

根据泥鳅活动和摄食情况，视天气变化、水质变化、季节变化等情况决定饲料投喂量，投饲量按泥鳅总体重的3%～5%计算，上午投喂日饵量的40%，下午投喂日饵量的60%。饵料种类可以农副产品为主，如米糠、豆饼、菜籽饼、动物下脚料等，搭配少量配合饲料，散投在四周浅水区为佳；后期可在集鱼坑多投喂一些饵料，利于集中捕捞。

③敌害防控：泥鳅苗、种期的敌害生物主要有蝌蚪与蛙类、水生昆虫和幼虫、肉食性鱼类、鸟类、水蛇及水老鼠，要采取措施不让它们进入养殖田。

敌害防控的主要措施是安装防护网：在稻田的东西向（或南北向）每隔30厘米打一个相对应的木（竹）桩，每个木（竹）桩高20厘米，打入田埂10厘米，用直径0.2米米的胶丝线在两两相对应的两个木（竹）桩上拴牢、绷直，形状就像在稻田上画一排排的平行线（图4-43）。由于胶丝线抑制了水鸟的飞行动作，限制了水鸟对泥鳅的捕食。还可以安装防虫网（图4-44）。

图 4-43　防护网

图 4-44　防虫网

④日常管理：主要是对田间巡查。每天检查田埂和进、排水闸周围是否有漏洞，拦鱼网是否有损坏，防逃，防天敌入侵。经常观察泥鳅活动情况和稻田水位是否合适，进、排水口和鱼沟是否畅通。注意及时换水，定期施用微生物制剂，保持水质清新。另外，严禁使用含有甲胺磷、毒杀酚、呋喃丹等剧毒农药。台风暴雨前要做好防逃滤网和疏通出水口，保持低水位，低洼田块鱼坑上覆盖网片，防止泥鳅逃逸。

（6）病虫害防治

①水稻病虫害防治：水稻病虫害防治应贯彻“预防为主、综合防治”的植保方针，选用抗性品种，实施健身栽培，选择合理茬口、轮作倒茬等措施减轻或控制有害生物。综合考虑有害生

物、有益生物、中性生物及其环境等多种因子，协调农业防治、生物防治和化学防治等治理措施，有限制地使用化学农药，推广使用高效、低毒、低残留农药，优先使用生物农药。施药前，先疏通鱼沟、鱼凼，加深田水至10厘米以上或将田水缓慢放出，使泥鳅集中于鱼沟或鱼凼中，再进行施药。粉剂在清晨有露水时喷施，水剂宜在露水干后喷施，且喷头朝上，尽量避免将药液喷到水面。泥鳅爱吃高等植物的嫩茎叶，所以养泥鳅的稻田杂草很少，可以不使用除草剂除草，以免田泥被踏过实，反而不利于泥鳅活动。如有条件，在稻田中央装有1台太阳能杀虫灯和诱虫板。

②泥鳅病害防治：泥鳅病害防治采用“预防为主、防治结合”的原则。一般稻鳅模式下，很少有泥鳅疾病发生。应定期对鱼坑、鱼沟的水体进行消毒；养殖期内，每隔15～20天用生石灰每立方米水体20～25克，化成石灰浆水，泼洒鱼沟和鱼坑1次，以杀灭水中的各种致病菌。参考池塘泥鳅养殖病害防治方法，泥鳅的主要疾病包括水毒症、赤鳍病、打印病、寄生虫病等。在鱼病多发季节，每半个月按每立方米水体生石灰20克或漂白粉1克用量泼洒鱼沟和鱼坑1次，每个月每立方米水体按晶体敌百虫0.5克的用量泼洒1次，敌百虫上午用，生石灰等在下午用。每15天投喂1次药饵，及时对症治疗。

（7）收获上市

①水稻收获：江南地区单季水稻一般于10月收割，提倡机械化操作（图4-45）。

②泥鳅捕获：泥鳅的收捕可根据市场需求，一般为现捕现卖。主要方法如下：

• 地笼网捕捞：傍晚将地笼网放置在鱼沟和鱼坑中，第二天早晨收捕。采取“抓大留小、适时上市”的原则，采用放地笼的方式，捕捞大规格的泥鳅适时上市销售，这样既控制了水稻田中的养殖密度，防止大吃小的现象出现，又可提高养殖的经济效益（图4-46）。

图 4-45 水稻机械化收割

• 排水干捕：一般在水稻采收后，分两次缓缓排水进行收捕。第一次排水仅让水稻田表面露出，田内大部分泥鳅随水流游进鱼沟和鱼坑，捕捞者用手抄网捕获。第一次排水后 1～2 天进行第二次排水，即把鱼沟和鱼坑中的水排干。随着田水的缓缓排干，田内泥鳅更集中于鱼坑内，先用抄网继续抄捕，再用强度较强的铁丝抄网把泥鳅带泥一起捞起，洗去淤泥，收获泥鳅；最后用手摸捕鱼坑淤泥中藏匿的泥鳅，最终将泥鳅彻底捕获。如冬前未捕，可让泥鳅在泥土中自然越冬，待春天用铁锨翻土捕获，泥鳅一般入土 10 厘米左右，因此很好挖。为防止入土过深和冻伤，可在田中撒上稻草或麦秸。

图 4-46 地笼捕获泥鳅

3. 模式案例

近两年来，浙江省已成功地在金华、嘉兴、温州、杭州、绍兴等地推广稻鳅共作模式，面积超过 200 公顷，全省平均水产品每亩增效益 2 191 元，稻米 861 元，总产值 1 697 万元，每亩均效益达到 5 584 元，最高每亩效益超过 1 万元。稻鳅种养模式“一水两用、一地两收”，在收获泥鳅的同时，也提高了大米的质量，稳粮又增收，充分提高了土地的综合产出，其经济和生态效益性已得到了广大种粮大户和水产合作社的认可。

浙江省金华市兰溪樟林粮食专业合作社，稻鳅共作示范基地 13.33 公顷，经过统计和测产，2012 年实施效益情况见表 4-10。

表 4-10　稻鳅共作养殖试验每亩各指标效益

泥鳅放养密度（千克）	试验田编号	泥鳅		水稻		效益（元）	水产品投入产出比
		产量（千克）	产值（元）	产量（千克）	产值（元）		
25	1#	54.49	2 615.52	591.5	5 796.7	8 412.2	1∶2.10
	4#	57.48	2 759.04			8 555.7	1∶2.21
40	1#	84.94	4 077.12			9 873.8	1∶2.04
	2#	84.16	4 039.68			9 836.4	1∶2.02
60	5#	102.74	4 931.52			10 728.2	1∶1.64
	6#	104.03	4 993.44			10 790.1	1∶1.66

根据表 4-10 数据测算，相较于每亩放养规格为 40 千克和 60 千克泥鳅的稻田，放养规格为 25 千克泥鳅的稻田泥鳅生长最快、增重效果最为明显；但从单位面积效益来看，每亩放养规格为 40 千克泥鳅的泥鳅利润最高、稻田每亩产值效益最好，因此推荐为稻鳅共生中泥鳅适宜放养密度。

（二）湖南稻鳅共作模式

1. 模式概述

近年来，湖南省已成功地在衡阳、长沙、怀化等地推广稻鳅共作模式，全省平均水产品每亩增效益 2 582 元，每亩均效益达到

3 262元，最高每亩效益超过6 000元。稻鳅种养模式“一水两用、一地两收”，在收获泥鳅的同时，也提高了大米的质量，稳粮又增收，充分提高了土地的综合产出，其经济和生态效益性已得到了广大种粮大户和水产合作社的认可。目前已形成一套比较成熟规范的稻鳅共生模式，取得了显著的经济和生态效益。

2. 技术要点

（1）稻田选择　稻田应处于开阔向阳处。稻田要求保水性能好，黏性土壤，耕作层较深，田埂坚实不漏水，耕作层浅的沙田和漏水田则不宜选用。稻田环境和底质应符合《农产品质量安全　无公害水产品产地环境要求》的规定。

稻田应水源充足，无污染，有相对独立的进、排水系统，排灌方便。水源水质应符合国家渔业水质标准，稻田水质应符合《无公害食品　淡水养殖用水水质》的规定。

稻田面积为1 500～20 000米^2，可选择低洼稻田。易受山洪涝影响的稻田不宜养殖泥鳅。

（2）田间工程

①开挖鱼沟、鱼溜：鱼沟、鱼溜占稻田面积的8%左右，不超过10%。在离田埂内侧1米左右开挖环沟（图4-47），沟宽50厘米、深50厘米。在稻田中央挖“田间沟”，为“十”字形或“井”字形，中间挖沟间隔以2米左右为宜，宽30～40厘米、深30～40厘米，与环沟相通。在鱼沟交叉处和进、排水口通往鱼沟的地方开挖鱼溜，深40～60厘米，面积4～6米^2，方形或圆形。沟沟相通，沟溜相连。

②进、排水口设置：每块稻田设1个进水口、1～2个排水口，进、排水口呈对角设置，宽度为50～60厘米。进、排水口安装双层网，外层用密目聚乙烯网，内层用密目铁丝网做成拦鱼栅。

③田埂建设：加高加宽田埂高50～60厘米、底宽50厘米、顶宽40厘米，田埂要夯实，或用水泥护坡。

④设置防逃设施：建好防逃设施，没有护坡硬化的田埂，可使用塑料薄膜围护田埂，将塑料薄膜埋入田泥内20厘米左右，并固定好。

图 4-47　设置的鱼沟

（3）水稻栽培　选择抗病抗虫抗倒伏的优质高产水稻品种。将稻田深耕平整，测土配方，施足基肥。一般每亩（实际插田面积）插基本苗 8 万左右，并利用边行优势，适当增加鱼沟旁的秧苗密度。

（4）鳅苗放养

①稻田准备：鳅苗放养前 15 天左右，每亩用生石灰 20 千克制成石灰乳水遍洒消毒。鳅苗放养前 10 天左右，每亩施发酵的有机肥 200～250 千克，繁殖天然饵料。

②鳅苗选择和培育：泥鳅苗种来源清楚，体表光滑，黏液丰富，体色一致有光泽，无异样斑点，线条、鳞片完整，无伤病，游泳迅速，顶水、跳跃有力，畸形率小于 1%，损伤率小于 1%，同一批次的苗种规格整齐，个体间差异很小，各种规格的全长、体长、头长、体高、体重等数据符合国家有关规定的指标。泥鳅苗种宜在培育池集中培育后放养（图 4-48）。

图 4-48　泥鳅苗种培育池

放养前用 3%～4%的食盐水对鳅苗浸洗 5～10 分钟。秧苗移栽 7～10 天后，放养泥鳅苗种。泥鳅规格 3～4 厘米/尾，放养量为 2 万～2.5 万尾/亩。应定期检查生产情况见图 4-49。

（5）日常种养殖管理

①稻田管理：

图 4-49 泥鳅生长检查

•水位、水质调控：稻田水位应根据生产需要适时调节。在水稻生长期间，田面以上实际水位应保持在 5～10 厘米。适时加入新水，一般每半个月加水 1 次，水温超过 30℃时，要增加换水频率，并增加水的深度。每隔 30 天左右，每立方米水体用 1 克漂白粉全田遍洒 1 次。

•敌害防治：对稻田的老鼠、黄鼠狼、水蜈蚣、蛇等敌害生物要及时清除、驱除。

•合理施肥：每月根据水稻需肥要求，每亩追施经过发酵的有机肥 50 千克，并加入少量的过磷酸钙，透明度控制在 15～20 厘米。施用化肥要少量多次，控制施用量，每亩施用尿素 4 千克、硫酸铵 7 千克，一次施半块田，注意不能将肥料撒入鱼沟和鱼溜内。

②投饲管理：泥鳅的饲料有豆饼粉、玉米粉、麦麸、谷糠、瓜果、蔬菜和颗粒配合饲料等。饵料要青、粗、精结合，搭配投喂。日投饵量为泥鳅体重的 3%～5%。阴天和气压低的天气应减少投饵量。每次投喂的饲料量，以 1 小时吃完为宜，超过 1 小时应减少投喂量。水温高于 30℃，低于 10℃时不投喂。投喂地点选在鱼沟和鱼溜内，每天 2 次，上午和傍晚各 1 次。做到定时、定位、定质、定量。

③日常管理：降水量大时，将稻田内过量的水及时排出，以防泥鳅逃逸。经常加修加固田埂，检查田埂有无漏洞，注意检查进、排水口及防逃设施，有损坏要及时修补。

（6）病虫害防治

①水稻病虫害防治：防治水稻病虫害，应选用高效、低毒、低残留农药，药物施用应符合 SC/T 1135.1—2017 的要求。主要品

种有扑虱灵、稻瘟灵、叶枯灵、多菌灵、井冈霉素。用药时采用喷雾方式，粉剂在清晨露水未干时喷撒，水剂宜在晴天露水干后喷雾。喷药时喷嘴向上喷撒，尽量将药撒在叶面上，减少落入水中的药量。施药时间应掌握在阴天或 17：00 后。施药前将田间水灌满，施药后及时换水，切忌雨前喷药，以免影响泥鳅安全。

②泥鳅病害防治：防治原则泥鳅病以预防为主，药物施用应符合 SC/T 1135.1—2017 的要求。严禁使用高毒、高残留、致畸、致癌药物，人用药物，原料药以及国家法律、法规禁止使用的其他药物防治鱼病。

常见病害的防治方法：a. 寄生虫病。病鳅身体瘦弱，常浮于水面，急促不安，或在水面打转，体表黏液增多，每立方米水体用 0.5 克敌百虫粉，可治疗三代虫病。每立方米水体用 0.7 克硫酸铜和硫酸亚铁（5∶2）合剂泼洒，可治疗车轮虫和舌杯虫病。b. 赤皮病。病鳅的鳍、腹部皮肤及肛门周围充血、溃烂，尾鳍、胸鳍发白腐烂，每立方米水体用 1 克漂白粉泼洒。c. 打印病。泥鳅病灶红肿，多为圆形或椭圆形，主要在鱼体后半部，每立方米水体用 1 克漂白粉泼洒。d. 水霉病。病鳅体表长有白色或灰白色棉絮状物，用 3%的食盐水浸洗病鳅 5～10 分钟；每立方米水体用 4 克食盐和 4 克小苏打合剂溶解后全池泼洒。

（7）收获上市

①水稻收获：对于双季稻田养殖泥鳅，早稻收割宜采取人工收割方式，不使用收割机收割。早稻收割后，不进行整地翻耕，直接抛秧或栽插晚稻秧。

②泥鳅捕获：在鱼篓中放入泥鳅喜食的饵料，如炒香的麦麸、米糠、动物内脏、红蚯蚓等，待大量泥鳅进入篓中时起篓即可。或在割稻前，当田水放干后，泥鳅聚集到鱼溜中时用抄网捕捞，钻入鱼溜周围泥中和底泥中的泥鳅用铁锹挖出。

3. 模式案例

湖南省祁东县友谊水产养殖合作社，稻鳅共作示范基地近 500 亩，经过统计和测产，2012 年实施效益情况见表 4-11。

表 4-11　每 667 公顷稻鳅共作测产验收结果

示范基地	模式	示范面积（公顷）	稻谷产量（千克）	稻谷增收（千克）	鱼单产量（千克）	平均效益（元）	平均增收（元）
祁东县	稻鳅共作	33.33	680	50	131.6	3 262	2 582

通过测产验收可以测算出，示范区面积 33.33 公顷，共生产稻谷 34 万千克，每亩稻谷产量 680 千克，产值 102 万元；生产泥鳅 65 800 千克，每亩产量 131.6 千克，产值 201.6 万元。示范区稻鱼总产值 312.6 万元，平均每亩产值 6 072 元，扣除生产成本，每亩效益 3 262 元，每亩增收 2 582 元；增加稻谷 25 000 千克，每亩平均增加稻谷 50 千克。泥鳅经检测达到无公害食品标准。

（三）安徽、四川稻鳅共作模式

1. 模式概述

稻田养殖泥鳅，是广大农村充分利用水资源、增加单位面积产出、调整农业产业结构、增加农民收入的种养结合项目。通过在种植水稻的田块内利用田中蚯蚓、水蚤和杂草等天然饵料生物，结合投喂少量的饲料来养殖泥鳅，同时，泥鳅直接吃掉水中的部分有害昆虫，对水稻起到生物防治虫害的作用。另外，由于泥鳅在田间活动还能疏松土壤，其粪便含有大量的氮元素，也可为水稻生长提供肥料，因而每亩能使水稻增产 5%～15%，泥鳅产量 30～50 千克，增加产值 600～1 000 元，具有鳅、稻双丰收的经济效益。

2. 技术要点

（1）稻田选择　泥鳅是温水性鱼类，其生长水温为 15～34℃，最适生长水温为 20～30℃，当水温降到 5～6℃以下或高于 35～36℃时，泥鳅便潜入泥下 10～30 厘米的泥层中进行休眠。用于养殖泥鳅的稻田，要求水源充足，枯水季节也能有新水供应，而且要排灌方便，田底没有泉水上涌。土壤以黏土和壤土为好。稻田要求保水力强，土质肥沃，有腐殖质丰富的淤泥层，不渗水，干涸后不板结。面积以 2～10 亩为宜。稻田地段以方便管理为宜。

（2）田间工程

①开挖鱼凼、鱼沟：鳅种放养前，必须对田块进行整理，主要做好鱼凼和鱼沟的开挖。一般面积为1～5亩的田块可挖鱼凼2～3个，鱼凼建在稻田中央和田埂边，开挖成方形，深1～1.2米，与中心鱼沟相通，鱼凼面积占稻田总面积的5%～8%。在离田埂内侧1～1.5米的地方开挖外环沟，沟宽0.6米、沟深0.8～1米，在外环沟内的田坂面上开挖沟宽0.5米、深0.6～0.8米的田沟，视田块大小挖成“十”字形或“井”字形，与外环沟相通。

②进、排水口设置：套养泥鳅的稻田应建造进水管、排水管和溢水管各1处，管口均用细密铁丝网拦截，排水管平时用水泥封住，起到防止泥鳅逃逸和防止敌害生物入田的作用。

③田埂建设：在开挖环沟时，可利用土方加高、加固田埂，并夯实以防渗漏。

④设置防逃围栏：在稻田四周用塑料板、薄膜、纱窗等（入泥30厘米）建起高80厘米的防逃墙。

（3）水稻栽培

①稻种选择：水稻品种宜选择茎秆坚硬、抗倒伏、抗病害、耐肥力强及产量高的品种。

②育苗及插秧：育苗及插秧尽量提前，具体以各地水稻种植时间为准，以便尽早放鳅入池。为保证稻田的丰收，插秧时采取宽窄行密植，利用边行优势适当增加埂侧沟旁的栽插密度。

（4）鳅苗放养

①稻田准备：稻田田间工程结束后，2月下旬，在稻田灌水前进行清整消毒，每亩施用经过发酵的猪粪1 000千克，经过滤注水入田，沟内水深30～40厘米，肥水，至水体透明度达25厘米左右。于鳅苗放养前2周，每亩用75～100千克的生石灰兑水化浆后泼洒于鱼凼、鱼沟及田块中，进行消毒，翌日用耙子等工具将鱼凼、鱼沟及田底耙动一下，使石灰浆与淤泥充分混合。鳅苗放养前1周，施入经过发酵的畜禽粪肥进行肥水，每亩用量为200千克，以培育水体中的天然饵料生物。

②鳅苗选择：鳅苗最好来源于泥鳅原种场或从天然水域捕捞，

要求体质健壮、无病无伤、2龄、雌性个体体重在15～25克和雄性个体体重在12克以上。

③放养时间和密度：泥鳅一般在水稻插秧后10天开始放养，有的地方为了增加鱼类生长期，在5月中旬便将鳅苗放入鱼凼、鱼沟中饲养，待秧苗返青后再打通鱼沟、鱼凼放鳅苗入田。放养规格为体重3～5克的鳅苗，每亩2万～2.5万尾。且鳅苗放养前，用3%的食盐水浸泡消毒10分钟后再入田。

（5）日常种养殖管理

①稻田管理：

• 调节水质：鳅苗下田后，要保持田水呈茶褐色，透明度25～30厘米。一般每周施肥1次，每次施入人畜粪肥每亩150～200千克。在天气晴朗、水体透明度大于30厘米时，可适当增加施肥量；水质过肥时，应减少或停止施肥，并注入新水；在高温季节，一般每周换水1～2次，每次换去田水的20%～30%。另外，还要注意水温监测，夏季水温过高时可采用加深田水的方法调控水温。

• 保持水位：为保证泥鳅的安全，稻田排灌应保持沟中有一定水位，晒田时间不宜过长。

• 合理施肥：养殖过程中，为保证浮游生物量充足，必须及时、少量、均匀地追施有机肥，一般每隔10～15天施肥1次，每次每亩施肥150千克。另外，根据水色的具体情况，每亩每次可施用1.5千克左右的尿素或2.5千克的碳酸氢铵，以保持水体的水色呈黄绿色。稻田翻耕时按每亩200千克的数量施足有机肥，多铺底肥。追肥宜少量多次，氮肥施用量应低于套养常规鱼类，一般要减少10%～15%。

②投饲管理：泥鳅是杂食性鱼类，在人工饲养条件下，通过施肥培养的浮游生物以及沉积田底的残饵、粪渣等均可作为泥鳅的食物，还可投喂配合商品饲料。泥鳅个体小，重量轻，贪吃，摄食过饱时易引起消化不良而影响正常呼吸造成死亡。由于田中泥鳅的放养密度较高，应投喂人工配合饲料，以补充天然饵料生物的不足。7～8月是泥鳅生长的旺季，要求饲料中蚕蛹粉含量达15%、肉骨

粉含量达10%、豆饼含量达25%，日投喂2次，日投饵率为10%；9～10月，饲料成分以植物性饲料（如麸皮、米糠等）为主，日投喂2次，日投喂量为泥鳅总重的2%～4%；早春和秋末，泥鳅摄食减少，日投饵率为2%左右。具体的投喂量应根据泥鳅摄食情况灵活掌握，一般以每次投喂后1～2小时内基本吃完为度。

③日常管理：每天坚持早、晚巡田，观察泥鳅摄食是否正常、是否有浮头，检查田埂是否有漏洞，拦鱼栅是否堵塞、松动，发现问题要及时采取措施，做好防逃。特别是雨天更要注意仔细检查田埂是否有漏洞，防止敌害生物（如水蛇、鸭等）入田。经常整修、加固田埂，注意检查进、排水口的拦鱼设施，有损坏时要及时修补。当水温超过30℃时，要换入清水，并增加水体深度，严防被农药污染的水体入田。如泥鳅时常游到水面"换气"或在水面游动，表明要注入新水和停止施肥。

（6）病虫害防治

①水稻病虫害防治：水稻病虫害防治应以生态防治为主，施用农药应选用高效低毒、低残留的品种，忌用剧毒农药。施药前应将田间水灌满，采取喷雾的方法进行病虫害防治，尽可能将药液喷在水稻叶片上。施药后及时换水，切忌雨前喷药，以免影响泥鳅的安全生长。

②泥鳅病害防治：

• 防治原则：由于泥鳅适宜于水田养殖，故在养殖过程中一般很少有疾病发生，鱼病防治工作一般以预防为主。药物施用应符合SC/T 1135.1—2017的要求。首先要坚持健康养殖，按规程操作，防患于未然。其次要做好预防工作：a. 苗种消毒，即苗种下田前用5%的食盐水或0.1毫克/升的高锰酸钾溶液浸洗鳅体10～15分钟；b. 定期消毒，每隔10～15天每亩使用15～20千克的生石灰兑水化浆全池泼洒，每月调节池水pH至微碱性1～2次，或用微生物制剂改良水质。

• 常见病害防治：泥鳅常见病害有车轮虫、舌杯虫、三代虫等寄生虫病，细菌感染引起的赤皮病、腐鳍病、烂尾病以及由水霉感染引起的水霉病等。寄生虫主要为害苗种，可采用 0.7 毫克/升浓度的硫酸铜与硫酸亚铁合剂（5∶2）来防治车轮虫和舌杯虫，用 0.3 毫克/升浓度的敌百虫粉杀灭三代虫；而赤皮病、腐鳍病、烂尾病等通常由捕捞和运输过程中擦伤鱼体和水质恶化等因素诱发，可采用 0.3 毫克/升的二氧化氯或 0.8～1.0 毫克/升的漂白粉全池泼洒，结合用 10 毫克/升的土霉素浸泡消毒加以防治。

（7）泥鳅捕捞

•饵料诱捕：下鱼篓捕获泥鳅时，捕鱼前期，在鱼篓中放入泥鳅的饵料，如麦麸、糠、土豆、动物内脏等；捕鱼中后期，不断改善诱饵质量，使其更适合泥鳅的口味。一般采取在诱饵中加入香油、用烤香的红蚯蚓或葵花籽饼拌韭菜、炒香的麦麸、米糠等方法诱捕。

•提早收捕，捕大留小：在 8 月初开始下篓收捕大规格泥鳅，这是因为：①大规格泥鳅摄食能力强，易被诱饵迷惑而钻篓；②泥鳅长到一定时期其增重变缓；③改善泥鳅在稻田里的生存环境，有利于提高小泥鳅的生长速度。

第五节　稻鱼综合种养模式

一、稻鱼综合种养模式

稻鱼共作，即将池塘养鱼技术引用到稻田，通过对稻田开展田间工程改造，利用稻田水体养殖鱼类，将种植业和养殖业相结合，充分利用这个生态环境，发挥水稻与鱼类互利共生的作用，适用于水源水质好、规模化连片的稻田。这种模式首先可以充分利用稻田里的水面；其次养殖鱼类可吃掉稻田中的杂草、浮游生物、水生昆虫，既降低了生产成本又减轻了农药化肥等面源污染；养殖的鱼类既可疏松土壤，又能提供水稻生长所需的有机肥料。总之，稻鱼共作，互惠互利，各得其所，生态良性循环，不但具有显著的经济和社会效益，而且还具有良好的生态效益。

稻田养鱼历史悠久，分布广泛。据报道，稻田养鱼在东南亚有6 000年的历史。从20世纪初开始，印度、马达加斯加、苏联、匈牙利、保加利亚、美国以及一些亚洲国家也进行了稻田养鱼，但以印度尼西亚、马来西亚、菲律宾和印度较为盛行。目前，在埃及、印度、印度尼西亚、泰国、越南、菲律宾、孟加拉国、马来西亚、日本和其他国家都有稻田养鱼模式分布。

我国浙江永嘉、青田等县的稻田养鱼历史可追溯到1 200年前。早在三国时期，《魏武四时食制》便有相关的记载。新中国成立以后，国家十分重视稻田养鱼的发展，随着农业科学技术的进步，农民商品经济意识日益增强，稻田养鱼出现了以产量高、个体大、上品行强为代表的新特点。全国出现了许多新的技术和模式，主要表现在田间结构、养殖品种、养殖方式的改革。同时，稻田养殖的饲料供应日益得到重视，以草食和杂食为主的养殖品种被更有经济价值的品种所替代。

稻鱼共作新模式技术，突破稻田模式技术创新，发挥稻田资源优势，在种好粮食的前提下增加养殖水产品，提高单位面积经济效益，不失为一种优质、生态、高效、环保的现代农业种养结合模式，对调整农村产业结构，实现农业增效、农民增收意义重大。

二、稻鱼综合种养分布

目前，农业农村部在浙江、福建、江西、湖南、四川等省建立稻鱼共作模式核心示范区15个，全国示范推广2.406万公顷。

三、典型模式分析

（一）浙江、江西稻鱼共作模式

1. 模式概述

浙江省、江西省作为农业农村部《稻田综合种养新型模式与技术示范与推广》项目的实施单位之一，积极推广稻鱼共作养殖模式技术，通过建立核心示范区，进行养殖试验示范，并与传统的稻谷种植区开展对比试验，探索应用“大垄双行”机械化种养方式，总结出稻田养鱼田块改造、种养管理方式改进、病虫害防治等技术，已形成稻鱼共作模式技术操作规程，取得了显著的经济和生态效益。该项技术不仅不影响稻谷产量，而且每亩可收获100千克的鲜活鱼，每亩纯收入达1 260元以上，稻谷增产40千克以上，经济效益可观。

2. 技术要点

（1）稻田选择　稻鱼共生模式起源于山区，适合在山区。宜选择水源充足、排灌方便、水质符合渔业用水标准、保水性能力强、不受洪水冲击和淹没的山丘区梯田进行。

（2）田间工程　山区梯田稻田养鱼，是利用整个景观系统中的自留灌溉（图4-50）。对于山区冷浸田和潜育化稻田，可以考虑在田后塝开一浅沟，沟深30～50厘米、沟宽50厘米左右，将开沟泥土覆向田内，做起垄栽培样。

图4-50　浙江、贵州、福建的稻鱼系统

①开挖鱼池、鱼沟：鱼池是鱼类集中活动和捕鱼的场所。在稻田的进水口挖一个长6.0米、宽4.0米、深1.0～1.2米，占稻田面积3%～4%的小鱼池。沿田埂四周距田埂1.5～2.0米处，挖1条宽0.6～0.8米、深0.5～0.6米的环型鱼沟。若稻田面积较大，

可挖成“十”字形、“井”字形或“田”字形沟，宽为0.4～0.5米、深0.4～0.5米。鱼沟的宽度和深度还可根据养鱼要求，适当加宽加深以提高产量。鱼沟与鱼池相通，占稻田总面积的8%～12%（图4-51）。

图4-51　江西万载县稻鱼基地田间工程

②进、排水口及溢水口设置：稻田进、排水口设在相对的田埂上，或对角线田埂上，可使整个稻田的水顺利流转，并用石料或砖砌成，使其牢固，不宜损坏逃鱼。进、排水口还需装有拦鱼栅。溢水口建在排水口上，主要起维持稻田一定水位的作用，一般用石料或砖砌成，宽约30厘米。进、排水口和溢水口处需用铁丝网或栅栏围住，进、排水时要用40～80目筛绢网过滤，防止鱼类外逃和防止敌害生物入田。

③田埂建设：稻田养鱼需保持基本水位，同时，还要防止漏水、漫鱼。利用开挖沟的泥土加固加高田埂，同时要平整田面。田埂加固时每加一层泥土均需进行夯实，以防田埂坍塌。田埂顶部宽30～50厘米，高出田面30～60厘米。

④设置拦鱼栅：拦鱼栅用竹箔或其他材料制成，拦鱼栅间距0.5～1.0厘米，长度为排水口宽的2～3倍，高出田埂10～20厘米。

⑤搭建遮阴棚：遮阴棚可设在离田埂1米处，每隔3米打1个1.5米高的木桩，同时，田埂边上可种植瓜类、豆类、葫芦等藤类植物，起到遮阴避暑的作用。

（3）水稻栽培

①稻种选择：选择抗倒伏、高产、优质、耐肥力强、抗病害、生长期适中的杂交水稻品种。

②稻田栽前准备：稻田必须消毒施肥。鱼种放养前10天左右，每亩用生石灰30千克或漂白粉1千克，兑水搅拌后均匀泼洒，杀灭稻田中的致病菌和敌害生物。施肥以施有机肥为主，化肥为辅。有机肥在鱼种放养前施足，用量以基本满足水稻全生长期的需要为准。有机肥必须发酵腐熟后施用，不宜施入鱼沟、鱼池内，施肥量为池塘养鱼施肥量的1/4～1/3。施追肥要根据水稻的生长情况灵活掌握，忌用碳酸氢铵、氯化铵等化肥，以减少化肥对鱼类的影响和伤害，施肥后需注入新水。

③秧苗移栽：移栽的秧苗要健壮、整齐，移栽前3天左右要用高效低毒农药喷施1次，以消灭病原体，药物施用应符合SC/T 1135.1—2017的要求。插秧时适当调整疏密，一般株行距17厘米×23厘米，尽可能与未开挖鱼沟前整块稻田的禾苗株数持平，充分发挥鱼沟两边的边际效应，合理密植。

（4）鱼苗投放

①稻田准备：放养鱼苗前应清沟消毒。放养鱼种前10～15天，每亩稻田鱼池、鱼沟用生石灰进行彻底消毒，杀灭野杂鱼类、敌害生物和致病菌，生石灰的用量为每立方米水体0.35千克，以生石灰粉剂或水溶剂均匀泼洒于水体。

②鱼种放养：培育冬片鱼种的夏花鱼种放养：草鱼、鲤夏花鱼种一般在早稻插秧1周后（即5月上旬）投放，夏花鱼种一般以5月下旬至6月上旬，最好不要超过6月下旬投放。其中，草鱼控制在36%左右，夏花鱼种投放规格为4～7厘米，投放鱼种为1 000～1 200尾/亩，具体放养量视水深条件、饲料来源、劳力等而定。

养殖商品鱼的春片鱼种放养：春片鱼种投放稻田前，可先投放小池或晚稻秧田内蓄养，等春插半个月后再放养到稻田，投放规格以50～75克/尾为好，密度为200～250尾/亩；同时可适量投入夏花鱼种套养。

鱼苗、鱼种放养时，用3%的食盐水浸浴鱼体5～8分钟，在把握好鱼种质量的同时，同一田块需放养同一规格的鱼种，并一次放足。

（5）日常种养殖管理

①稻田管理：

• 水质、水质管理：需保持稻田水质清新。若发现水色变浓，要及时换水，水深保持30厘米左右。在高温季节，要加深水位，防止鱼类缺氧。水稻分蘖前，用水适当浅些，以促进水稻生根分蘖；水稻拔节期需要适当加深水位。养殖前期每隔3～5天注水1次，中后期每周注水1次，每次6～10厘米；同时，每隔20～30天施用微生态制剂调节水质，维护水体微生态平衡，给养殖鱼类提供适宜的水域环境。

• 合理施肥：适时适量施用化肥或有机肥肥田，既对稻谷生长有利，又能肥水，也能培养天然饵料，供鱼摄食。氮肥最好在晴天上午施，可防止氮对鱼类的毒害，不宜施用氯化铵、碳酸氢铵做追肥。施肥时先排浅田水至露出垄面，使鱼集中在鱼池、鱼沟中，然后再施肥，以使化肥迅速渗入底层，并为田泥中的稻苗吸收。此后，再加水至正常深度。追肥要量少次多，可起到用量少、肥效高、对鱼无影响的作用。

• 科学晒田：稻田晒田时采取短时间降水轻搁，水位降至稻田面露出水面即可。

②投饲管理：

• 鱼苗投饲：刚投放到稻田的夏花鱼种，草鱼种已转草食性，鲤觅食能力加强，数量在300尾/亩以上的稻田需投放人工饵料，以农副产品为主，如米糠、豆饼、菜籽饼等，搭配少量配合饲料，散投在四周浅水区为佳，后期可在集鱼池多投喂一些饵料，利于集中捕捞。每天上、下午各投饵1次，投饵方法同池塘培育，做到定质、定量、定时、定点，以确保冬片鱼种达到15厘米以上的规格。

•成鱼投饲：稻田养殖成鱼，由于鱼种较大，特别是草鱼，要求水深、水质好、鱼池沟畅通，需创造类似池塘条件进行管理。一般高效型稻田养殖需须加强投饵，草鱼主要投喂青草、水草、各类菜叶；鲤可投喂浮萍、紫背浮萍及农副产品。

要达到高产高效目的，同时需投喂农副产品饲料（如米糠、豆饼、菜籽饼等）或渔用颗粒饲料，饲料选择与鱼口径大小一致的颗粒，平均日投饵率为3%，坚持“四定”原则，以80%的鱼吃饱为主，以免浪费饲料。

③日常管理：稻田养鱼需专人管理，做好防洪、排涝和防逃工作。平时注意维修及清理进、排水口的拦鱼设施。晒田前要疏通鱼沟和鱼溜，田埂漏水要及时堵塞。坚持每天巡田，检查进、排水口筛网是否牢固，防逃设施是否损坏，汛期防止漫田，防鱼外逃。平时要清除蛙、水蛇、水老鼠等敌害，以免其危害养殖鱼类。

（6）病虫害防治

①水稻病虫害防治：水稻病害防治贯彻“预防为主、综合防治”的植保方针，一般选用高效低毒的农药。具体施药方法是：先疏通鱼池鱼沟，将田水缓慢放出，稻垄露出水面，鱼则集中在鱼池或鱼沟中，农药施在稻垄上，以免对鱼类产生直接危害。粉剂在清晨有露水时喷施，水剂宜在露水干后喷施，且喷头朝上，尽可能将药液喷在水稻叶片上，避免将药液喷到水面。喷施农药后应及时换水，确保水体无毒。

②鱼病防治：稻鱼共作养殖鱼类在投放时需对鱼体进行消毒，多采用3%的食盐水浸浴2小时以上。养殖期间，坚持“预防为主、防治结合”的原则，加强病害防治。每隔15天，用25～30千克/亩的生石灰全池泼洒1次，消毒水体，确保养殖鱼类健康。定期在饲料中添加维生素C、大蒜素等营养物质，增强养殖鱼类的健康。在鱼病多发季节，每隔15天施用1次药物进行预防，最常用的药物是每立方米水体用生石灰30克、漂白粉1.0克、强氯精0.43克，对寄生虫性疾病有较好的预防作用；及时对症治疗，每隔15天投喂1次药饵。

（7）收获上市　一般稻田养鱼需先捕鱼，待稻田泥底适当干硬后再收稻。养殖鱼一般在10月下旬稻谷收割前10天起捕，捕鱼前，先疏通鱼沟，使鱼沟与鱼池畅通，然后缓慢放水，使鱼集中到鱼池，再用小网、抄网轻轻捕鱼，然后运到附近的池塘或网箱中暂养。若是深水田，则先收稻，收稻时，先缓慢放水，使鱼落入鱼沟或鱼池，以免受到伤害。

捕鱼过程中要注意保护鱼体，应及时将鱼放入网箱，分类分格，不符合食用标准的鱼种，转入其他养殖水面，以备翌年放养用。

3. 模式案例

以江西省万载县黄茅镇三星村建立稻鱼共作示范点为例，稻鱼共作模式每亩投1 883元，其中，鱼种费占13.9%，鱼每亩产量100千克，较项目实施前平均每亩增产51千克，增长1.04倍。稻谷每亩产量582千克，每亩增稻谷40千克，增长7.4%，每亩产值3 143元，每亩增加产值1 613元，增长1.05倍，每亩纯收入1 260元，每亩净增加纯收510元，投入产出比为1∶1.67。具体效益分析对比见表4-12。

表4-12　项目实施区与传统种植区经济技术指标对比

项目	项目实施区（元）	传统种植区（元）
田租费	300	300
耕耙费	80	80
栽种收割费	230	230
苗种投放费	262	
菜枯及农家肥费	253	
稻种费	60	60
化肥费	35	75
农药费（渔药）	渔药31、农药19	（农药）43
饵料	148	

（续）

项目	项目实施区（元）	传统种植区（元）
总投入	1 883	780
收获稻谷	（582 千克）1640	（542 千克）1530
稻田鱼	（100 千克）1500	
纯利润	1 260	750
投入产值比	1∶1.67	1∶96

（二）四川红田鱼稻田养殖模式

1. 模式概述

红田鱼，学名为瓯江彩鲤（四川蓬溪县注册商标为“红田鱼”，以下统称为红田鱼），是一种变种的鲤，虽出自稻田而无泥腥味，肉质细嫩，味道鲜美，鳞片柔软可食，营养十分丰富。据分析测定，肌肉中的氨基酸组分完全，尤其是鲜味氨基酸、铁、锌矿物元素，鳞片富含卵磷脂其含量高于一般淡水鱼类，市场价格比普通鲤高 3～5 倍。红田鱼性情温顺，耐高温、低温和低溶解氧，杂食，生命力强，病害少，存活率高，生长快，体色红艳。红田鱼可以在稻田、堰塘、水库养殖，特别适宜于稻田养殖，是稻田养殖的优选品种。当年苗种可长到 500 克，养殖 1 周年可达到 1 千克以上。

2. 技术要点

（1）稻田选择　养殖稻田要求交通方便，水源充足，排灌方便，保水保肥能力强，不渗漏水，水源无污染的稻田。

（2）田间工程

①开挖鱼凼、鱼沟、环沟：鱼凼面积按养殖面积的 8%～12%开挖。鱼凼一般在养鱼田块一角或靠阴山一边开挖，鱼凼深 1.0 米，靠田块的一方。用 10～12 厘米的石板或砖进行浆砌，坡度1∶1.25。鱼沟开挖要视其养殖田块大小来定，一般挖成“十”字鱼沟、“井”字鱼沟、“田”字鱼沟，鱼沟深 0.3～0.4

米。环沟在养鱼稻田的四周距离田埂1～1.5米处开挖，沟宽1～1.5米、沟深0.6～0.8米。具体形式如图4-52至图4-55所示。

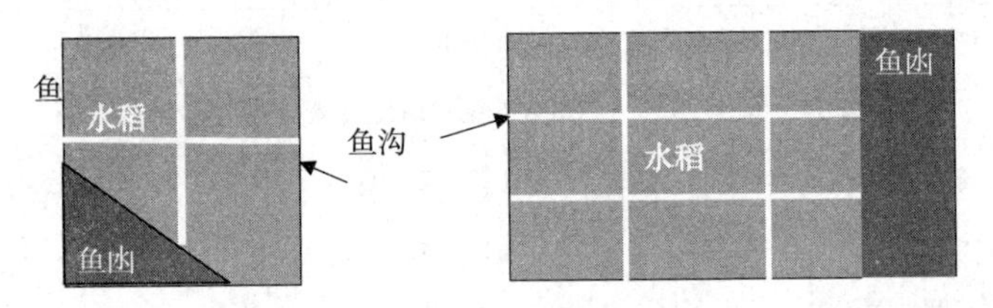

图4-52　鱼沟、鱼凼开挖示意

图4-53　鱼　沟

图4-54　鱼　凼

图4-55　稻田工程建设

②进、排水口设置：养殖稻田注、排水系要通畅。进、出水口

在稻田呈对角设置，进水时使整稻田的水都能均匀流动，以增加水体溶氧量，使鱼在田里活跃游动，提高鱼饲料的利用率和鱼体生长速度。

③田埂建设：加高加固田埂高达到 0.8 米，田埂顶宽 0.5～0.6 米，坡度比 1∶1.3。

④设置拦鱼栅：在进水口上安装 1 道 12～15 目的聚乙烯网过滤网，在出水口上安拦鱼设施（即二道网），呈弧形。第一道是拦渣网，第二道是拦鱼网。用网目 0.7～1 厘米的聚乙烯网（图 4-56），一般以能防止逃鱼和水流畅通为准。

图 4-56　防逃设施

（3）水稻栽培

①稻种选择：稻种选择具有耐肥力、抗病性强、不易倒伏、生长期较长的晚熟水稻品种。

②稻田准备：稻田灌水要做到浅水插秧，寸水分蘖，够苗晾田，湿润灌溉，前水不见后水，足水孕穗，湿润灌浆，活熟到老。后期不可断水过早，一般田块在收获前 7～10 天断水，稻田水深不超过 10 厘米。

③秧苗栽插：田埂四周的秧苗进行密植，稻田内的秧苗按照“大垄双行”的技术要求进行栽插，宽行约 0.3 米、窄行约 0.2 米。

（4）鱼苗放养

①鱼种选择：选择鱼体光滑健壮、鳞片完整、体长6～10厘米的鱼种投放（图4-57）。

图4-57 红田鱼鱼种

②放养要求前的要求：

• 鱼种消毒：在放养鱼种前，采用盐水浸洗法，对鱼体进行消毒，预防鱼病。具体做法是：在鱼种放养前，将鱼苗放入3%的食盐水中浸洗5～8分钟。根据不同的水温和用药浓度，掌握好浸洗时间，当有一半鱼苗浮头时即可。

③品种搭配与密度：红田鱼既能单养，又能混养。以红田鱼为主养鱼，其养殖比例可控制在60%～80%，搭配鲫、草鱼和少量的鲢、泥鳅等鱼种。一般每亩投放鱼种200～300尾。

（5）日常种养殖管理

①稻田管理：养殖稻田要求水质清新偏瘦，溶氧丰富，透明度控制在30～40厘米，特别在高温季节一定要保持较高的水位，在稻田水稻收割后，将田水蓄至1.2米以上。每月用生石灰或施用复合生物制剂改善水质，预防病害的发生，每隔10～15天施用1次。

②投饲管理：根据红田鱼的杂食性特点，投饲采取粗精结合。在养殖田内可放养适量的浮萍、马来眼子菜等，还要配合饲料或米

糠、麦麸、豆渣、动物饵料等。做到“定质、定量、定位、定时”（图 4-58）。所谓“定质”，就是指投喂时的饵料要新鲜和具一定的营养成分，不含有病原体或有毒物质；“定量”，是指每次投喂的饵料要有一定的数量，一般以 30 分钟能吃完为适宜；“定位”，是指每次投喂的饵料要有固定的食场，使鱼养成到固定地点吃食的习惯，便于观察鱼类生长动态，检查鱼的吃食情况，是否生病或缺氧等；“定时”，是指投喂饵料要有一定的时间，一般每天投喂 2 次，即 08：00～09：00 一次、16：00～17：00 一次。

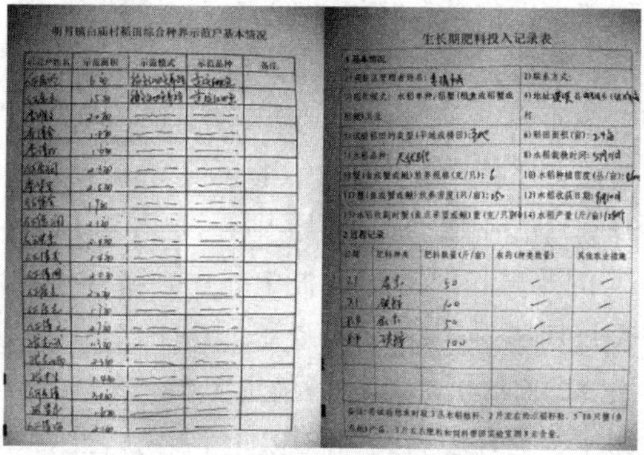

示范户姓名	示范面积	示范模式	示范品种	备注

生长期肥料投入记录表

图 4-58　示范户登记及投喂记录

③日常管理：坚持勤巡查，做好防旱、防涝、防逃、防害、防缺氧、防鱼病“六防”工作，及时发现和解决问题。每天早晨、傍晚各巡视 1 次，检查田埂有无漏洞，拦鱼设施有无损坏，鱼的吃食是否正常，有无病鱼发现等。要预防水蛇、田鼠等对鱼造成危害，还要检查稻田水质以及是否缺氧，发现鱼浮头而且听到响声不下沉，就应及时加水补氧。

（6）病虫害防治

①水稻病虫害防治：水稻用药不要施于鱼沟、鱼凼、环沟内。施药时尽量选择在阴天或晴天 16：00～17：00 进行。利用高效低毒性的生物源或矿物源及有机合成农药防治病虫害。

稻田施药的防治应采用深水施药，将稻田水位加深后再施药；排水施药，施药前将田中水放掉，让鱼进入环沟内，施药后待药性消失后再灌水至规定水位。当稻苗发生病害时，选择高效低毒无公害的农药防治水稻的病害，严格把握用药安全浓度，在喷雾时，喷嘴必须朝上，水剂在稻苗露水干时喷洒，粉剂在稻苗有露水时喷撒，尽量喷在稻苗的叶片上，而且最好分区用药，确保田鱼的安全。

稻田施药后，要勤观察、勤巡田，发现稻田的鱼出现昏迷、迟钝的现象，要立即加注新水或将已昏迷、迟钝的鱼及时捕捞上来，集中放入活水中，待鱼恢复正常后再放入稻田中。

6 月下旬至 7 月上旬，防治水稻二化螟、稻象甲、稻蝇；7 月下旬，防治稻苞虫、稻纵卷叶螟、稻瘟病、纹枯病；8 月下旬，防治稻纵卷叶螟、稻苞虫、二化螟、白叶枯病；始穗期至齐穗期，防治穗颈瘟病、稻曲病、白叶枯病；灌浆期，防治稻飞虱。

②鱼病防治：坚持“以防为主、防重于治，无病先防、有病早治，内服外消、防治结合”的原则，药物施用应符合 SC/T 1135.1—2017 的要求。因搭配品种中有鲈，禁止使用敌百虫、菊酯类药物。每月定期用 0.2～0.4 毫克/千克的二氧化氯或溴氯海因杀菌消毒 1 次，每 2 个月用静虫清杀虫 1 次；在病害流行季节，每月用肠炎烂鳃宁、鱼虾多病灵等内服渔药做药饵投喂 2～3 次。

（7）收获上市　当养殖鱼类达到 500 克商品鱼规格时，及时起捕上市（图 4-59 至图 4-61）。

图 4-59　现场测产

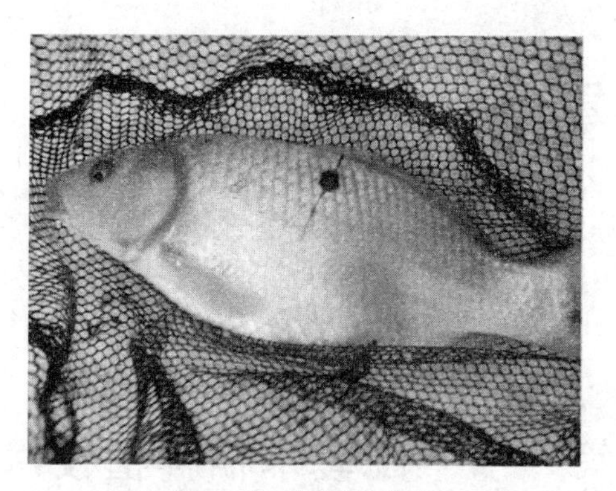

图 4-60　红田鱼成鱼

图 4-61　红田鱼注册商标

第五章 稻田综合种养关键技术

第一节 配套水稻种植技术

为了使为水稻种植能适应稻田综合种养的需要，既能保证水稻稳产，又能保障水产生物的健康生长，新一轮稻田综合种养根据不同稻作方式和种养模式，集成和配套了水稻种植关键技术。其中，包括水稻品种筛选技术思路、配套水稻栽培新技术、配套农机农具技术三大部分。

一、水稻品种筛选技术思路

以往传统稻田种植体系中，使用的水稻品种没有经过筛选，主要选用当地的主栽品种。在具体实施过程中，发现易倒伏、不易肥、易淹、抗病能力不强等一系列问题。在新一轮稻田综合种养实施过程中，各地专家根据当地稻作方式、气候条件、水文条件以及套养水产生物的特性要求，筛选了一批适用当地稻田综合种养的优良水稻品种，筛选的基本技术思路已在第二章第二节中介绍。核心是考虑种养体系中，生物对浅水缺氧环境的适应。

二、配套水稻栽培新技术

稻田综合种养实施中需要一定面积的水产生物避难空间，如鱼沟、坑；防逃设施，如围网；保水设施，如高垄等，这些田间工程将减少水稻种植面积的5%～10%。为了确保水稻产量不减，只有通过保证稻田单位面积内水稻穴数不减的前提下，对水稻栽培技术进行改进。在北方地区主要通过“宽窄行、边际加密”的水稻插秧方式，保证水稻穴数不减；在南方地区，部分地区采用了“宽窄行、边际加密”“合理密植、环沟加密”等水稻插秧方式，保证了水稻穴数不减，还有部分地区，通过茬口衔接技术，成功利用了冬闲田或水稻种植的空闲期开展水产养殖，不影响水稻生产。集成的主要技术如下：

（一）“大垄双行、沟边密植”水稻插秧技术

主要用于稻-蟹共作模式。技术要点为：采用宽窄行种植，按行距40厘米×20厘米、种植行与主养殖沟垂直、丛距不变的方式种植，养殖沟外侧所留60厘米左右供河蟹活动平台密植，养殖沟内侧1米的宽行补植，保证了稻田每平方米水稻20穴、每亩1.35万株，单位面积内水稻种植穴数不减。该技术既通过利用边缘效应稳定了水稻的产量，又提高了水稻对光照的利用，增加了水中溶解氧，加大了河蟹活动空间，保证了河蟹和水稻生长的需要。该技术在辽宁项目单位研发，在辽宁、吉林、黑龙江、宁夏等省（自治区）推广成功。

（二）“分厢式”水稻插秧技术

主要用于稻-蟹共作模式。技术要点为：采取机械插秧，行距30厘米×30厘米、株距16.5厘米，每穴稻苗为2～3株，机械插完秧后每隔12行通过人工拔出1行，移栽到旁边2行，留出60厘米宽荡。田埂内边及环沟两边因光照好、通风力强，可进行“三边密插”稻秧（株行距比正常密1/3），稻田秧苗穴数不减少，最终达到“大垄双行”插秧法相同的效果。“分厢式”插秧技术通过移栽留出的宽荡，加强了稻田通风和采光，提高了水稻对光照的利用，水中溶解氧增加，河蟹活动空间加大，有利于水稻增产及河蟹的正常生长。该技术能在未对插秧机械进行改造的地区进行推广，已在吉林省成功推广。

（三）“双行靠、边行密”插秧技术

主要用于稻-蟹共作模式。技术要点为：“双行靠”是指窄行距20厘米、宽行距40厘米，其表现形式为20厘米-40厘米-20厘米-40厘米-20厘米；“边行密”是指在蟹沟两侧80厘米之内的插秧区，宽行中间加1行，即行间距全部为20厘米。通过边行密植，将蟹沟占用的水稻穴数补上，穴距都为10厘米，每穴3～5株苗，每亩插秧数都在16 000～18 000穴。与常规旱育稀植水稻种植相当，保证了水稻稳产。通过宽、窄行距，提高了稻田的通风和透光性，保证了河蟹的生长。该技术由宁夏回族自治区项目单位研发，适宜在西北部地区应用。

（四）“合理密植、环沟加密”水稻栽培技术

主要用于稻-鳅共作模式。技术要点为：以单季稻种植为主，插秧期在5月中下旬，机插为主，插秧时适当增加水稻插秧密度，水稻种植株距17厘米、行距30厘米；在鱼沟和鱼溜四周增加栽秧密度，保证每亩插秧10 000～12 000丛。插秧前用足底肥，以有机肥为主，少施追肥。稻秧插播后，不使用农药。该技术由浙江兰溪项目单位研发，并在示范区推广。

（五）“二控一防”水稻栽培技术

主要适用于稻-鳖共作、轮作模式。技术要点为：5月至6月底前播种，每亩播种量3～4千克，育秧机插，至10月底水稻收割后再养鳖。技术改进围绕“防倒”进行，采用“二控一防”，即：一控肥，整个生长期不施肥；二控水，方法是早搁田控苗，当分蘖数达到80%的目标穗数时重搁，使稻根深扎；后期干湿灌溉，防止倒伏。只治虫不防病，生产无公害稻米。该技术由浙江德清项目单位研发，适于全国推广。

（六）稻田免耕抛秧技术

主要用于稻-小龙虾共作模式。技术要点为：水稻移植前稻田不经任何翻耕犁耙，即“免耕”；采取围埂办法，在靠近环沟的田面，围上一周高30厘米、宽20厘米的土埂，将环沟和田面分隔开，以利于田面整理；秧苗一般在6月中旬开始移植，采用抛秧法

或常规栽秧，采取浅水栽插，条栽与边行密植相结合的方法，移植密度为30厘米×18厘米，充分发挥宽和边坡优势技术，在水稻稳产的情况下，保障小龙虾的生长。该技术由湖北项目单位集成，并在示范区内推广实施。

三、配套农机农具技术

推广机械化大规模操作，是促进稻田综合种养产业化发展的关键。项目实施前，配套农机农具较少。项目组的技术人员结合各地机械化发展的要求，对配套农机的农具进行相应的改造，应用了一批同步旋耕、起垄、开沟、播种和覆土装置的农机农具。如辽宁省改良了水稻秧盘和插秧机，使之能够调节插秧的行间距，满足“大垄双行”的标准，很好地适应“大垄双行”的模式；浙江德清县的稻-鳖共作，达到水稻的栽插、收获和鳖的喂养全机械化操作。

第二节 配套水产养殖技术

传统稻田养殖在水产养殖品种的选择上，农户主要以鲤、草鱼等易养的常规品种作为主要选择对象。但常规鱼种的最终收益不高，一定程度影响了农户继续开展稻田种养的积极性。因此，新一轮稻田综合种养在水产品种类的选择上，主要以河蟹、小龙虾、鳖等特种水产生物为主要养殖对象，使稻田养殖综合效益较原来有很大幅度地提高，同时也形成了一系列配套的养殖技术。

一、水产品种筛选的技术思路

在新一轮稻田综合种养实施过程中，专家组根据稻田的浅水环境，水温、溶氧条件变化较大的特点，为稻田环境下开展水产经济动物的养殖确立水产养殖品种选择的思路已在第二章第二节介绍。

二、特种水产品配套养殖技术

根据全国各省（直辖市）种养条件和稻田养殖品种的特点，主要总结了稻田成蟹、扣蟹、红田鱼、青虾、泥鳅等关键配套的养殖技术。

（一）稻田成蟹生态养殖技术

该技术主要由辽宁、宁夏等项目单位研发，在辽宁、吉林、黑龙江、宁夏等省（自治区）推广成功。主要技术内容为：

1. 蟹种暂养

暂养田面积一般占养蟹稻田总面积的 20%左右。暂养池在放蟹种前 7～10 天用生石灰消毒，每亩用量为 75 千克（水深 10 厘米左右），暂养田内设置隐蔽物或移栽水草，蟹种暂养密度一般为每亩 3 000 只左右。蟹种入暂养田前，用高锰酸钾水溶液或用 3%的食盐水溶液浸洗 5～10 分钟。暂养期间，日投饵量为蟹体重的 3%～5%，根据水温和摄食情况调整；7～10 天换水 1 次，换水后每立方米水体用 20 克生石灰或 0.1 克二溴海因消毒水体，并用生物制剂调节水质，预防病害。

2. 蟹种放养前的准备

按要求挖好环沟，加固夯实埝埂，架好防逃设施。在旋地前一次性施入测土配制的生态肥，以防常规种植地表施肥造成水体氨氮含量过高，抑制河蟹摄食和生长。水稻插秧时间要尽量提前，采用大垄双行、沟边密植的种植模式，栽插时间最好在 5 月底结束。

3. 蟹种放养

蟹种质量要规格整齐，大小以每千克 120～160 只为宜。体质健壮，爬行敏捷，附肢齐全，指节无损伤，无寄生虫附着，严禁投放性早熟扣蟹。放养时间和放养密度：水稻秧苗返青后，将田内老水排出，注入新鲜水，然后将暂养池中的扣蟹放入稻田，放养密度以每亩 500～650 只为宜；放养前，用浓度为 20 毫克/升的高锰酸钾溶液浸泡 10～15 分钟，或用 3%～5%的食盐水浸浴 5～10

分钟。

4. 饲养管理

饲料种类主要包括豆粕、花生饼、玉米、小麦、甘薯、土豆、各种水草及小杂鱼、螺蛳、河蚌等，或投喂人工配合颗粒饲料。6月中旬前，动、植物性饲料比为60∶40；6月下旬至8月中旬，为45∶55；8月下旬至9月末，为65∶35。每天投喂2次，早晚各1次，早晨投30%，晚上投70%，沿四周一字形摊放，每间隔20厘米设一投饵点。建议投喂全价颗粒饲料，日投饵量为河蟹总重量的5%～10%，实际投饵量视天气、水质、河蟹的摄食情况灵活掌握。

5. 水质调控

5～9月，每5～10天换水1次，每次换水量要根据田内水质情况灵活掌握。高温季节在不影响水稻正常生长的情况下，尽量加深水位。换水时要避开河蟹蜕壳期。定期检测水体pH、溶氧、氨氮等指标，发现问题及时采取措施。

6. 病害防治

采取以“预防为主、防治结合”的综合措施。每15天泼洒1次生石灰，用量为每立方米水体20克，或二溴海因每立方米水体0.1克，或泼洒生物制剂调节水质，预防蟹病的发生。

7. 日常管理

早晚巡田，观察河蟹摄食、活动、蜕壳、水质变化等情况，发现异常及时采取措施。经常检查防逃设施、田埂有无漏洞，暴雨期间加强巡查，及时排洪，清除杂物。

(二) 稻田扣蟹养殖技术

该技术由上海项目单位研发，在上海示范区成功推广应用，适宜在江浙地区应用。主要技术内容为：

1. 蟹苗选择

大眼幼体需淡化5～6天以上，出池盐度低于3，蟹苗为棕褐色，用手轻握住蟹苗3～5秒，手感较硬，放开后爬行敏捷、活力强，用显微镜观察体表无寄生虫。如运输时间较长，蟹苗有脱水现象，则需进行着水处理后再进行投放。扣蟹应选择规格整齐、肢体完整、活力好、无寄生虫的未性成熟蟹，扣蟹的规格一般为每千克120～200只。

2. 苗种放养

在蟹苗投放前半个月，把稻田内的水降到只保留环沟内有水，按每立方米水体1毫克/亩漂白粉或用75千克/亩生石灰清除环沟里的敌害生物，如野杂鱼、青蛙等。投放前注意培育底栖水生动植物，为大眼幼体到Ⅱ期仔蟹提供足够天然饵料。以稻为主的模式下，大眼幼体投放量一般为0.3～0.5千克/亩。以蟹为主的模式下，大眼幼体投放量一般为1～1.5千克/亩。投放大眼幼体时，不要在同一地点投放，以防局部密度过高。扣蟹的投放时间无特殊要求，可在2～3月投放，麦稻轮作的田可在6月投放。但稻田成蟹养殖密度不宜过大，100～160只/千克规格的扣蟹，投放密度一般为600～700只/亩。

3. 饲喂管理

大眼幼体投放到稻田至Ⅰ期仔蟹阶段，主要以稻田水体内的轮虫及枝角类为主，因此，投苗前期对水体中浮游动植物的培养非常重要，不足时可用猪血、豆腐、蛋黄及人工饲料粉料进行补充。在变态后Ⅱ～Ⅳ期仔蟹主要以全价人工饲料为主，每天投饵量按蟹苗体重的100%～150%计算。蟹苗变为Ⅴ期仔蟹后改投适口的人工颗粒饲料，投饵量为蟹苗体重的15%～20%，以后逐渐递减到5%。每天早晚各1次，饵料一部分投在环沟边浅水区，另一部分投在环沟内。其中，早上投饵量占全天投饵量的30%，傍晚占70%。投喂时做到定时、定点、定质、投喂量则灵活调整。在7～8月遇到阴雨闷热天气时，不投或少投饲料，并根据蟹苗生长情况调整饲料投喂量，以防出现早熟蟹。9～10月气温渐冷时，适当调整投喂量，增加扣蟹的营养积累，使其能顺利越冬。

4. 日常管理

稻田养蟹的日常管理，要求认真严格，坚持不懈，注意观察河蟹的活动、摄食、水质变化。勤巡查，坚持每天早晚各巡田1次，认真检查田埂、防逃墙及注排水系统的安全性，发现问题及时处理。勤换水，特别在夏季气温高、浮游生物的密度高、水质变化大，需定期查测水温、溶氧、pH 等指标。

（三）稻田田鱼养殖技术

该技术由四川项目单位研发，并在四川示范区成功推广，适宜在西南部地区应用。主要技术内容为：

1. 鱼种选择

稻田养食用鱼以瓯江彩鲤为主（即红田鱼），适当搭配草鱼、鲢、鳙、鳊、团头鲂等。选择鱼体光滑健壮、鳞片完整、体长 6～10 厘米鱼种投放。泥鳅要求体质健壮、无伤无病，体长 3～5 厘米。

2. 养殖品种搭配与密度

红田鱼既能单养，又能混养。以红田鱼为主养鱼，其养殖比例控制在 60%～80%，搭配鲫、草鱼和少量的鲢鱼种，一般投放鱼种 300～400 尾/亩。泥鳅投放鳅种 2 万～2.5 万尾/亩，适当搭配鲢、鳙鱼种。

3. 鱼种消毒

在放养鱼种前，采用盐水浸洗法，对鱼体进行消毒预防鱼病。具体做法就是在鱼种放养前，将鱼苗放入 2%～4%的盐水中浸洗 5～8 分钟。根据不同的水温和用药浓度，掌握好浸洗时间，掌握标准为一半鱼苗浮头时即可。

4. 饲养管理

根据红田鱼的杂食性特点，投饲采取粗精结合。在养殖田内可放养适量的浮萍、马来眼子菜等青饲料。后期还要投喂适量的配合饲料，做到“定质、定量、定位、定时”。

5. 水质管理

养殖稻田要求水质清新偏瘦，溶氧丰富，透明度控制在 30～40 厘米。特别在高温季节，一定要保持较高的水位。在稻田水稻收割后，将田水蓄至 1.2 米以上。每月用生石灰按 20 毫克/千克的浓度调节鱼凼水质，或施用复合生物制剂可改善水质，预防病害的发生，每隔 10～15 天施用 1 次。

6. 日常管理

坚持勤巡查，做好防旱、防涝、防逃、防害、防缺氧、防鱼病"六防"工作，及时发现和解决问题。每天早晨、傍晚各巡视 1 次，检查田埂有无漏洞，拦鱼设施有无损坏，鱼的吃食是否经常，有无病鱼发现等。要预防水蛇、田鼠等对鱼造成危害，还要检查稻田水质和是否缺氧，发现鱼浮头而且听到响声不下沉，就应及时加水补氧。

（四）稻田青虾养殖技术

该技术由浙江项目单位研发，并在示范区推广，适宜在江浙地区应用。主要技术内容为：

1. 放养前准备

在青虾苗种放养前，向稻田虾沟和田面注入 5～10 厘米的过滤清新水，用呈块状的生石灰，按 75～100 千克/亩化浆趁热全田泼洒，可彻底杀灭病原微生物、改良水质和增加钙质，以减少养殖过程中青虾疾病的发生。2～3 天后，用茶粕 30～35 千克/亩浸泡后全池泼洒，彻底杀死稻田中的野杂鱼类、蛙类、黄鳝、泥鳅及蚂蟥等敌害生物，避免青虾遭到捕食而减产。由于 8 月水温较高，消毒清野后 7 天，一次性将稻田水加满，进水时必须用 60～80 目的双层筛绢布进行过滤。

2. 水草种植

水草的设置分为水底和水面，在集虾潭和虾沟水底主要种植苦草、伊乐藻、轮叶黑藻等沉水植物，沿稻田围沟四周及稻田中央无沟区水面种植水花生、水葫芦等水生植物。水草移栽前，需要用漂白粉按 10 毫克/千克的浓度浸泡消毒 10 分钟后方可下塘，水草面积占整田面积的 30%～40%。养殖过程中若水草过分疯长，则需要及时清除过多的水草。

3. 苗种选择

虾苗来源有两种：一是从长江水系中选择野生青虾，经过选育后，自繁自育而获得的苗种；二是从无青虾疫病发生史的正规青虾苗种生产厂家购买。选购的虾苗要求体质健康，行动活泼，体色晶莹透亮，规格整齐，无病无伤。

4. 苗种消毒

经过加冰长途运输的虾苗，运至塘口后，需要将装载虾苗的充氧塑料袋投入水中，然后捞出，如此反复2～3次，以平衡水温，使投放前后的温差不宜超过±2℃。下塘前，需要用田水配制浓度为3%左右的食盐水浸泡消毒虾苗3～5分钟，浸泡时间视当天水温和虾苗的忍受程度灵活掌握。

5. 苗种投放

虾苗投放时，由两个人配合操作：一个人轻轻将食盐水和虾苗一起缓缓倒入稻田上风口围沟的水草旁；另一人不断打起水花增氧，让虾苗栖息在水草根须下，消除应激反应，迅速恢复体质，提高苗种放养成活率。第一茬秋季苗亩放养2～4厘米的青虾种3万～3.5万尾，第二茬春季苗每亩放虾种2万～2.5万尾。最好选择卵巢发育程度接近的亲虾，使出苗时间集中，虾苗规格整齐。适量套养花链，亩放夏花100～150尾或仔口鱼种15～20尾。

6. 投喂管理

青虾属于杂食性，喜动物性饵料，除摄食天然饵料生物外，还需要投喂人工配合饲料。青虾专用全价配合颗粒饲料辅以米糠、麸皮等混合料泼洒投食，期间每隔半个月添加一定量的大蒜素等药物拌饵。遵循“四定”“三看”原则以及虾体蜕壳等因素灵活掌控投喂量，日投料量控制在3%～6%。养殖早期沿稻田四周均匀泼洒饲料；养殖中后期逐渐将饲料投撒在稻田四周浅水区固定的5～6个饲料点上，以便于观察青虾的摄食情况。整个饲养过程中，视天气、水质变化、青虾的摄食和活动情况酌情增减投喂量，以让青虾吃饱、吃好且第二天无残饵剩余为准。

7. 水质管理

青虾对水质条件要求较高，维持水体溶解氧在4毫克/升以上、透明度为30～40厘米、水色以茶褐色或油绿色为好。养殖前期每隔3～5天注水1次，逐步加高虾池水位；中后期每周注水1次，每次6～10厘米。养殖期间用生石灰，按10毫克/千克的浓度隔20～30天化浆泼洒，隔天每立方米水体再用0.15～0.2克二溴海因全池泼洒，连用 2 天，以消毒防病、调节水质及增加钙质，增进青虾蜕壳生长。

8. 日常管理

坚持巡塘，发现异常及时采取措施应对；检查养虾沟及进、出水口设施完好与否，以防青虾逃逸。遵循“以防为主、防治结合，无病早防、有病早治”的方针，采用药物防治和生态防治相结合的方法，严禁使用禁用渔药。平时做好稻田的清整消毒、青虾苗种的消毒、自配饲料的消毒、定期施用生石灰和二溴海因进行水体消毒。生态防治主要采用定期加换水和施用光合细菌、EM 菌等水质改良剂，可为青虾生长创造优良的水环境。若发现青虾发病，应及时对病虾进行诊断，对症下药。

（五）稻鳅养殖技术

该技术由浙江项目单位研发，并在示范区推广，适宜在全国多地区应用。主要技术内容为：

1. 鳅种选择

鳅种可来源于人工繁殖或野生，外购鳅种应经检疫合格。选择活动自如、体色鲜明、全身光滑、有光泽、规格一致、健康无病、活力充沛的鳅种。泥鳅苗种在采购过程中必须严格把关，向供应商要求提供进行养殖的苗种。一是要减少运输环节；二是要采取带水运输，才能提高放养鳅种的成活率。

2. 鳅种放养

鳅种放养可选择在插秧前，也可以选择在插秧后。插秧后放养泥鳅模式，一般建议放养大规格鳅种。根据产量和水体承载能力测算，一般产量在 100 千克/亩左右较为适宜。放养前先用 15～20 毫克/升的高锰酸钾溶液浸浴 10 分钟，或用 1.5%～3%的食盐水消毒 10～15 分钟。鳅苗放养时要将经消毒处理的鳅苗连盆移至田水中，缓缓将盆倾斜，让泥鳅自行游出，避免体表受伤。

3. 投喂管理

根据泥鳅活动和摄食情况、天气变化、水质变化、季节变化等情况决定饲料投喂量，投饲量按泥鳅总体重的 3%～5%计算，上午投喂日饵量的40%，下午投喂日饵量的60%。饵料种类可以农副产品为主，如米糠、豆饼、菜籽饼、动物下脚料等，搭配少量配合饲料，散投在四周浅水区为佳；后期可在集鱼坑多投喂一些饵料，利于集中捕捞。在水稻田放养泥鳅，可以利用田中蚯蚓、摇蚊幼虫、水蚤和杂草等天然饵料生物，投喂少量的饲料，就可获得较好的经济效益。

4. 水质管理

需保持稻田水质清新，若发现水色变浓，要及时换水，水深保持30厘米左右。在高温季节，要加深水位，防止泥鳅缺氧。水稻分蘖前，用水适当浅些，以促进水稻生根分蘖；水稻拔节期，也需要适当加深水位。养殖前期每隔3～5天注水1次；中后期每周注水1次，每次6～10厘米；同时，每隔20～30天施用益生菌微生物制剂（如活水宝、EM原露等），维护水体微生态平衡，给泥鳅提供健康的生活空间。

5. 日常管理

主要是对田间巡查。每天检查田埂和进、排水闸周围是否有漏洞，拦鱼网是否有损坏，防逃，防天敌入侵。经常观察泥鳅活动情况和稻田水位是否合适，进、排水口和鱼沟是否畅通。一般稻鳅模式下，很少有泥鳅疾病发生。参考池塘泥鳅养殖病害防治方法，泥鳅的主要疾病包括水毒症、赤鳍病、打印病、寄生虫病等。在鱼病多发季节，每半个月按生石灰20克/米^{3}或漂白粉1克/米^{3}用量泼洒1次，每个月按晶体敌百虫0.5克/米^{3}的用量泼洒1次，敌百虫上午用，生石灰等在下午用。每15天投喂1次药饵，及时对症治疗。

第三节　配套种养茬口衔接关键技术

项目实施中，项目按产业化、机械化的要求，根据养殖动物生长特点，综合考虑有害生物、有益生物及其环境等多种因子，对主要模式的水稻种植和水产养殖的茬口衔接技术进行了优化，主要模式种养茬口衔接技术要点如下。

一、稻蟹共作

(1) 东北地区稻蟹养殖　蟹种放养茬口安排可采用两种方式：一是插秧前放入养殖田，但必须注意投喂充足的饵料，河蟹才不会夹食秧苗；二是在水稻秧苗返青后，放入养殖田，但要注意放养前要换掉稻田内的老水。北方地区扣蟹供应集中在5月初，插秧完毕一般在5月下旬至6月初，采用第二种方式需预先准备蟹种暂养。

(2) 宁夏地区稻蟹养殖　一般在4月进行蟹种调运和暂养，利用池塘或田头排水沟做暂养池；5～6月上旬进行水稻秧苗移栽，待秧苗成活返青后将蟹移入稻田。在蟹种投放前，均可采用机械化方法进行耕作。

(3) 上海地区扣蟹养殖　江浙地区进行扣蟹养殖的大眼幼体一般在5月中旬集中供应，而水稻直播在5月初，插秧在6月上旬，一般提早2周进行消毒并使用有机肥施基肥，田沟中移栽水花生。此阶段蟹苗主要集中在田沟，可用机械进行插秧操作。

二、稻虾连作、共作

(1) 稻-小龙虾连作　9月下旬，在稻谷收割后放水淹田，将小龙虾的种虾投放入稻田内，让其自行繁殖，小龙虾养殖至翌年的5月至6月上旬起捕上市。在水稻种植上，单独选择秧苗培育田块，5月10日开始育秧苗，35日秧龄，6月15日至6月20日插秧。水稻到9月中下旬收割，进行下一轮稻虾连作。

(2) 稻-小龙虾共作　在虾稻连作后期（6月上旬插秧前），将稻田中未达到商品规格的小龙虾继续留在田内，使其过渡到与栽插后的水稻一同生长。上年8～10月在稻田中投放抱卵亲虾，当年5月不捕捞干净，留下小龙虾作为翌年虾种；翌年3月后，再根据稻田幼虾密度适度补苗。配套采用免耕抛秧技术。3月下旬投入小龙虾苗，8月中旬捕获。

(3) 稻-青虾轮作 "一季稻，养两茬青虾"。即早稻：4月上中旬早稻塑盘育秧，5月中旬机械插秧，7月下旬至8月初收获早稻；8月上中旬放养秋季虾苗2～4厘米的青虾种3万～3.5万尾/亩，10月中旬开始捕获，分批上市直至春节捕毕。春季虾养殖，利用10月至春节秋季虾捕大留小，并在2月补放虾苗2万～2.5万尾/亩，养至翌年5月中旬捕获完毕进行早稻插秧。

三、稻鳖共作、轮作

(1) 亲鳖培育模式 分为两种。先鳖后稻模式，一般在4月上旬种植水稻，5月初放养中华鳖；先稻后鳖模式，一般在6月上旬种植水稻，7月中旬放养中华鳖。一般亲鳖养殖模式放养200只/亩左右，放养规格为0.4～0.5千克/只。

(2) 稚鳖培育模式 一般在6月下旬种植水稻，7月下旬放养当年培育的稚鳖。在水稻收割后至11月底不再投饲准备冬眠。当年孵化的稚鳖培育模式，放养数可提高到1万只/亩。

(3) 稻鳖轮作模式 选择矮秆抗倒伏优质品于上年5月至7月底前播种，播种量为3～4千克/亩，育秧机插，至10月底水稻收割。当年4月放养规格为150～200克/只的幼鳖，750只/亩，养至翌年6月前捕获上市，然后种植水稻。

(4) 鳖虾稻共作模式 小龙虾投放时间：亲虾上年8～10月，幼虾当年3～4月。投放量：亲虾放20～25千克/亩，规格30克/千克以上；幼虾放50～75千克/亩，规格200～400只/千克，饲养2个月后采用地笼起捕。鳖种在5～6月投放，100只/亩，放养规格为500克/只左右。鳖种下池后禁捕小龙虾，未捕尽的小龙虾留作鳖的饵料。待11月中旬以后，采用地笼和干塘法将鳖抓捕上市。

四、稻鳅共作

(1) "先鳅后稻" 模式 春耕后一般在3～4月水稻插秧前放养

鳅种，鳅种50千克/亩，规格为300～400尾/千克。该模式能有效延长泥鳅生长期，但要在主沟和大田间设置隔离网片，防止早期白鹭等鸟掠食鳅苗。

（2）“先稻后鳅”模式　一般在5～6月等水稻返青后放养鳅苗，鳅种50千克/亩，规格为120～150尾/千克。该模式优点在于大规格鳅苗成活率高，无须额外防鸟设施。

（3）双季稻泥鳅养殖模式　早稻翻耕和栽插可采用机械操作，收割宜采取人工收割方式，不使用收割机收割。早稻收割后，不进行整地翻耕，直接抛秧或栽插晚稻秧。

五、稻鱼共作

（1）一般稻鱼共作模式　鱼种的放养时间应该在不影响禾苗生长的前提下尽量早放，以便延长鱼的生长期，一般在4月中旬至5月初投放鱼苗。6月上旬为方便耕作及插秧，先将鱼集中到鱼沟、鱼坑中，将稻田裸露出水面进行耕作，插秧后再将田面水位提高。养殖鱼类达到商品规格后及时起捕上市。

（2）稻田蓄水养鱼模式　水稻栽插、鱼苗投放同一般模式，在水稻收割后通过加高田埂蓄水养鱼，直至冬季或翌年水稻栽插前捕鱼，可使鱼的生长期延长至10个月左右。

上述茬口衔接技术由浙江、湖北、上海、辽宁、四川等项目单位研发并在示范区推广应用，获得了良好的效果，部分地区已将具体茬口安排写入地方稻田种养技术规程并制作明白纸进行推广。

第四节　配套施肥技术

目前，常规稻作生产的施肥主要依赖于化肥，大量化肥的使用引发生态环境问题。在项目实施过程中，各项目组根据本地实际并通过科研单位的参与，按“基肥为主、追肥为辅”的思路，对稻田施肥技术进行了改造，应用了一批适用于稻田综合种养的配套施肥技术。

一、测土配方一次性施肥技术

对土壤取样、测试化验，根据土壤的实际肥力和种植作物的需求，计算最佳的施肥比例及施肥量。其中，氮肥品种以硫酸铵、尿素为主，磷肥以过磷酸钙和磷酸二铵为主，钾肥以硫酸钾为主，再配合不同有机肥和各种中、微量元素。在辽宁地区稻蟹共作旋耕稻田时，一般每亩稻田一次性施入专用复合肥 80 千克，后期不再施用任何肥料，可保证水稻丰产需肥。水稻一次性施肥 1 周后，氨氮含量一直维持在 0.9～0.2 毫克/千克，远低于对河蟹生育有影响的指标（短期 15 毫克/千克和长期 5 毫克/千克）。投放蟹苗后原则上不再施肥，如发现有脱肥现象，可追施少量尿素。施用时严格控制施用量，使稻蟹种养田水体中的氨氮不能超过对河蟹有影响的指标。优点是能减少施用化肥产生氨态氮影响河蟹生长发育，同时，满足水稻生育对肥料的正常需求。目前，该技术由辽宁省项目单位研发，主要用于稻田养蟹，也可以推广到其他稻田种养模式中去。

二、基追结合分段施肥技术

该技术将施肥分为基肥和追肥两个阶段，主要采用了“以基肥为主、以追肥为辅、追肥少量多次”的技术思路。

（一）稻田河蟹生态种养施肥技术

采取“底肥重、蘖肥控、穗肥巧”的施肥原则，施足基肥，减少追肥，以基肥为主，追肥为辅。以有机肥为主，化肥为辅。基肥占全年施肥总量的 70%，追肥占 30%。在旋地前，通过一次性施入基肥，满足水稻正常生长对肥力的需求，解决常规水稻种植地表施肥频繁，造成水中氨、氮过高，抑制河蟹生长和摄食。通过一次性施肥和分蘖期补充少量氮肥，避免无效分蘖过多和肥力流失，实现水稻平衡施肥，平稳生长，保证河蟹在良好的环境中及早蜕壳。该技术由宁夏项目单位研发，并在示范区推广应用。

（二）稻-青虾分段施肥技术

除了稻茬沤制肥水外，基肥还要在稻田四角浅水处堆放经过发酵的有机粪肥 150～200 千克/亩，用来培育虾苗喜食的轮虫、枝角类及桡足类等浮游动物，使青虾苗种一下塘就可以捕食到充足的、营养价值全面的天然饵料生物，增强体质和对新环境的适应能力，提高放养成活率。随着青虾苗种的长大，田中的天然饵料生物会逐渐减少，需要视田水肥度适时换清新水或追肥，最好采取少量多次的追肥办法，每次追施经过发酵的粪肥 50 千克/亩左右。追肥是基肥的必要补充，可不断补充田间养分，促进秧苗茁壮成长，使得稻秆壮、穗大而结实。追肥的方法是，稻田需追施尿素 15 千克/亩和钾肥 9 千克/亩，尿素在秧苗 1 叶 1 心期施 10%的断乳肥，3 叶期施 20%的促蘖肥，拔节期施 10%的壮秆肥，孕穗期施 10%的保花肥。钾肥按照同样比例与尿素配合追施，追施时要求保持田面表层湿润或浅水；二是合理排灌，秧苗培育早期，由于温度低，播种后直至 4 叶期不需要进水，保持田面湿润即可。4 叶期后向稻田灌浅水促分蘖，分蘖足够时排水烤田，烤田后保持稻田干湿交替，抽穗前后灌 2 次浅水，收割前 1 周左右断水。该技术由浙江项目单位研发，并在示范区推广应用。

（三）稻鳅共作生态施肥技术

稻田中施肥以施有机肥为主，化肥追肥为辅。基肥必须在鳅种放养前施放，施追肥要根据水稻泥鳅的生长情况灵活掌握。一般在水稻种植后经大田过滤注水 30 厘米左右，堆积充分发酵腐熟鸡粪 50 千克/亩于大田及四角，培育生物饵料使肥水有度、保持水质稳定性。若施家禽、家畜有机肥，每次施用 50～60 千克/亩；若施尿素、钾肥等化肥，一般每次施用尿素 4～6 千克/亩、钾肥 2～4 千克/亩。养殖泥鳅的水稻田忌用碳酸氢铵、氯化铵等化肥。为减少化肥对泥鳅的影响和伤害，施用化肥时，先排浅水稻田，使泥鳅进入鱼沟、鱼坑内，然后全田普施，施肥后再逐渐加水。该技术由浙江项目单位研发，并在示范区推广应用。

第五节 配套防虫、草、鸟害技术

稻田中病虫草害有多种，如害虫有稻象甲、卷叶螟、二化螟、稻飞虱等；稻杂草有稗草、慈姑、眼子菜、水马齿、莎草科杂草等；其他如鸟、鼠、蛇害等。这些都直接影响养殖产品的产量和收益。项目实施前，对稻田害虫和杂草的控制主要依靠化学药物控制，造成了农药残留、污染环境问题。项目组织了专家研讨，提出了“生态防控为主、降低农药使用量”的防控技术思路。各示范区项目单位，根据各地稻田病害特点及水产品种的特性，筛选并推广应用了一批适合新一轮稻田综合种养发展的病虫草害生态防控的新设施和新技术。

一、新型设备的应用

（一）新型防鸟网技术

目前，鸟害问题日益突出，鸟类偷食造成减产、传播疾病，鸟类的啄食造成产品品质下降等。项目实施前应用的技术，主要有架设普通防鸟网、恐吓性驱逐、化学防治、超声波驱鸟等。但这些方法成本过高，效果不显著，噪声污染，破坏生态环境，费时费力，杀死鸟类甚至存在违法风险。项目在实施过程中，改进了防鸟网技术，降低了使用成本，并大幅度降低了鸟类的死亡率。

利用鸟类视野的立体视觉范围仅 10 度左右的特点，采用鸟类难以发现的多组透明尼龙线横跨养殖池塘，阻挡和缠绕前来觅食的鸟类，通过调整尼龙线的间距和张力，此方法既能达到防鸟的目的，又不会伤害鸟类。主要方法为：在养殖池塘两侧打桩，桩体为木棍、毛竹或水泥柱等，同一排桩体间隔为 5 米左右，通常两排桩间的跨度为 50～100 米；在同一排桩上绑主线，主线一般为丙纶线或塑料线，具有一定的强度；两条主线之间绑上尼龙线，尼龙线的间隔为 35～50 厘米；收紧尼龙线，使其绷紧具有一定的张力，为防止尼龙线中间下垂或需要进一步绷紧或者中间设置数根柱子，增加一条主线，防止尼龙线下垂，影响防鸟效果。本方法在不伤害鸟类的前提下，可以防止鸟类对养殖水产品的捕食，同时实现水产养殖和鸟类保护的目的，防鸟效果达 80% 以上，且成本较低，操作简便，能有效减少鸟类对养殖水产品的捕食和疾病传播。

该技术由上海项目单位研发，并在示范区成功推广。在主要鸟害为白鹭、苍鹭、灰鹭等涉水鸟类的地区，此项防鸟网技术具有较好的防治效果。

（二）新型诱虫灯技术

灯光诱虫是解决农产品农药残留和农村环境污染问题、成本低、用工少、效果好、副作用最小的物理防治方法，也是非常适用于种养结合的配套生态杀虫技术。项目实施前，各地在诱虫灯的使用上，因光源、杀灭方式种类繁多，造成杀灭效果参差不齐。通过该项目的实施，汇总了各地稻田诱虫灯的使用情况并加以总结，并找到适合稻田综合种养的新型诱虫灯杀灭方法。

诱虫灯光源、杀灭方式及其特点总结见表 5-1 和表 5-2。

表 5-1　常用诱虫灯及其特点

诱虫灯种类	光谱	诱虫种类	特　点
紫外灯	330～400 纳米	诱近 300 种昆虫，以鳞翅目最多	能耗高，安装使用烦琐
双波灯	由所选光源决定	由所选光源光谱决定	由所选光源决定
频振灯	范围广	诱虫种类多、效果好	能耗高，安装使用烦琐
节能灯	可见光范围	诱虫种类少	能耗低，安装使用简易
节能宽频灯	320～680 纳米	诱虫种类多、效果好	能耗低，安装使用简易
LE 天等	光谱较窄	诱虫种类少	能耗低，但价格较高

表 5-2　诱虫灯杀灭方式

杀虫方式	特　点
电击式	交流电供电，可实现全自动控制，成本一般，有安全隐患 蓄电池供电，可实现半自动控制，成本较高 太阳能供电，可实现全自动控制，成本较高，环保效果好
水溺式	灯周围设置挡板或收集器，杀灭效果不如电击式，但如果与种养结合可避免此弊端，提供天然饵料
毒瓶式	使用化学农药，杀灭效果好，但毒杀的害虫无法作为饵料

从实践效果看，在稻田综合种养中，利用频振灯、节能宽频灯作为诱虫光源，利用水溺式的杀灭方式，能在稻田种养中获得较好杀灭害虫效果。有条件的地区推荐采用太阳能供电的方式，能够将环保与种养结合。如湖北省在鳖虾鱼稻共作中，利用频振灯与鳖、虾、鱼的摄食相结合，较好地控制了水稻虫害。目前，该技术正在全国迅速推广。

（三）防虫网技术

在水稻生长初期，害虫主要有灰飞虱传播水稻条纹叶枯病；生长中后期，稻纵卷叶螟、螟虫、褐飞虱等害虫啃食水稻叶肉、吸食水稻汁液，给水稻生产造成很大损失。项目实施前解决方法主要有：①采用抗性稻种，但抗性品种一般口味较差，市场接受度较低；②使用农药，初期效果较好，但随着害虫抗药性增加成本也逐渐升高，最终降低品质。在项目的实施过程中，主推采用防虫网，在害虫迁移高峰期可直接阻挡害虫接触秧苗、阻断病毒传播，已在江苏、浙江等省成功推广并获得良好效果。

主要技术要点：在水稻生长初期如秧苗一叶一心期，主要利用20～30 目的聚乙烯防虫网，插弧形支架将防虫网弓起，防虫网边埋入土中 5～8 厘米，用泥巴密封确保无稻飞虱入网，一般在 20 天后去除网罩。对于中后期防虫网的架设，可根据当地实际条件进行搭设。一是采用大型钢架或者竹木结构为主的拱棚，一般高 2 米左右，在构架外铺防虫网；另一种是较为低矮的竹架小拱棚，结构简单成本低，但抗风雨能力较差。防虫网孔径一般为20～50目，目数越高，防虫效果越好，但透光透风率越差。目前，防虫网应用主要以江浙一带为主，正在向南北方向发展，但各地气候差异较大，需根据本地的实际进行选择。

二、应用生物防治关键技术

项目实施过程中，项目组织对各种病害的防治方法进行了梳理，提出优化的思路。各示范区项目单位根据不同病、虫、草害的生物学特性，进行防虫性能的比较和研究，通过稻田中物种相互竞争来控制病虫草害，取得了良好的效果，较大程度上减少了对水稻病虫害防治所需化学农药的使用量，减轻了对水稻、水产品及生态环境的污染（表5-3）。

表5-3 稻田综合种养配套病虫草害防治方法

种类	防治方法					
虫害	抗性品系培育	药物防治	天敌群落构建	稻鱼	稻蟹共作	稻鳖共作
草害	人工除草	微生物控制	稻蟹共作	稻鱼	稻田养鸭	
鸟害	人工驱赶	防鸟网	恐吓性驱逐	化学防治		
鼠害	人工捕捉	围网阻拦	药物防治			
蛇害	人工捕捉	围网阻拦	药物防治			

（一）天敌群落重建技术

根据饲养品种对稻田群落的捕食关系，选择适合的抗性品种，对稻田有害生物治理以及饲养品种的天然饵料均非常重要。用稻田系统中的群落重建来控制虫害的方式，主要是指在稻田生境中的天敌群落在水稻移栽后重新形成的过程，是一种季节性、可重复的动态变化过程。以寄生蜂群落为例，当其群落一旦稳定，重建过程就结束。研究发现，在稻田生态系统非稻田生境中保留一定比例的野生植物，可以更好引诱害虫产卵和取食，在田埂上种大豆等作物能促使某些天敌种群的迅速建立，并且增加天敌的数量和活力；通过间作或轮作的方式进行种植，也能够增加天敌的数量。研究发现，在水稻移栽后 40 天内使用杀虫剂，会显著减少稻田中天敌数量。所以，在天敌种群重建期间充分地保护稻田周围生境中的天敌群落，使其重建时间缩短，对虫害的控制效果也能够进一步加强。该技术因品系筛选周期长、地区差异大等因素，现仅在小区域内进行试验，正在为大范围推广进行必要的技术储备。

（二）稻田共作生物控虫技术

项目的实施过程中，首先通过科研单位的研究，增加了对多个养殖品种控虫能力的了解，并在实践中根据养殖品种的控虫效果降低农药使用量，并在对综合利用多个养殖种类进行立体防控上做了有益尝试。如稻田养鸭，可捕食稻飞虱、二化螟、三化螟、稻纵卷叶螟等多种水稻害虫，但需根据鸭龄控制入田时间和次数，减少对水稻的损害。稻田养蟹，对稻飞虱的防控效果较好，对二化螟、三化螟、稻纵卷叶螟的捕食效果一般。稻田养鱼，鱼类活动使稻株上害虫落水，取食落水虫体，可一定程度减轻稻飞虱、叶蝉等为害，降低二化螟发生基数。稻田养蛙，其摄食水生和落水害虫，捕食水稻茎叶上的害虫，对稻飞虱、叶蝉等害虫有显著控制效果。

各省（自治区、直辖市）根据稻田中养殖品种的实际控虫能力，均减少了农药的使用量。如浙江稻-青虾共作农药使用量减少 35%，稻鳅共作农药使用量减少 59%，稻鳖共作农药使用量减少 100%；宁夏稻蟹共作，农药使用量减少 50%；湖北稻鳖虾鱼共作，立体防控农药使用量减少 100%。通过生物控虫有效减少农药的使用，在项目实施各省均获得很好的成效。

（三）稻田工程生物控草技术

项目实施前，稻田除草主要依靠使用除草剂和人工除草的方式，成本高，危害大。项目实施过程中，首先通过科研单位研究了解多个养殖品种不同的控草能力，并在实践过程中，根据杂草的实际增长情况采取应对措施。

已有的研究证明，通过稻鱼、稻鸭、稻蟹共作，依靠鱼、鸭、蟹等生物在稻田中的活动和采食达到很好的除草作用。研究结果表明，稻田放养草鱼、鲫和罗非鱼后，稗草等多种稻田杂草基本可以得到控制，鱼群的扰动使杂草无法萌生。草鱼对稗草防治效果好，对慈姑、眼子菜等防控效果较差。稻田放鸭 10 天后能够使田间杂草减少 50%左右，放鸭 40 天后达到 94%左右，除草效果显著。但需控制鸭的活动频次和时间，以防水稻受损。而河蟹作为杂食性动物，除了取食稻田害虫，还会觅食水稻根际的杂草和新芽，阻止其生长，对稗草、鸭舌草、眼子菜、水葫芦、野慈姑等稻田杂草有很好的防控效果，但对水绵的防控效果一般。一般除草剂的除草效果具有时效性，生物控制方式由于利用了生物种群间的竞争关系，使除草效果不具有时效性，能更有效地抑制杂草的再生。

在项目实施的各省（自治区、直辖市）均推广成功。如宁夏稻蟹共作杂草减少率在 35%左右，浙江稻鳅共作杂草减少率在 50%左右。各省（自治区、直辖市）均不同程度减低了除草农药的使用及降低了人力除草的成本。

第六节　配套水质调控技术

在稻田综合种养中，保证良好的水质，使种养稻田达到水相、藻相、菌相的平衡，是做好综合种养的关键。项目实施前，虽然应用了部分水质调控的技术，但没有形成系统性水质调控思路，调控不精准，效果也不稳定。为此，项目组织有关专家系统研究综合种养水质的各方面以及各阶段的要求，提出了系统的水质调控技术方案。

一、确立配套水质调控的技术路线

示范区的调研中，在稻田综合种养中造成水质问题主要有三个方面：一是化肥过度使用，对稻田水体中氮、磷、化学需氧量、溶氧的产生重要影响；二是农药使用，使底质中的微生物组成失衡；三是水生经济动物带来的残饵、粪便以及动物尸体等得不到有效地降解，也使水体中氨态氮、亚硝酸盐、硫化氢、氮、磷等不断积累，破坏水体生态平衡，使养殖生物的疾病更易发，从而导致水质进一步恶化。针对这些问题，各项目组结合科研单位，提出了以常规的物理、化学调控方法为基础，通过适时地调节水位，利用微生物改善底质、水色，并通过种植不同种类的水草和调节养殖动物密度等多方面采取措施，总结出适用于稻田种养水质调控的技术，关键技术手段如下。

（一）物理调控技术

物理修复的处理方法，主要包括注水、栅栏、筛网、沉淀、气浮、过滤等。利用物理修复的处理方法，可以去除野杂鱼类、敌害生物、颗粒悬浮物、漂浮物以及增加溶解氧、降低有毒有害物质的浓度等。但在新一轮稻田种养中，该技术只作为应急的调控手段使用。

（二）化学调控技术。

通常是采用添加化学药剂，利用化学作用促使污染物混凝、沉淀、氧化还原和络合等除去水中的污染物，消毒养殖水体。在水产养殖中常用的化学药剂，包括抗生素、氧化剂、重金属制剂、农药、杀虫剂以及染料等。在新一轮稻田种养中，主要是作为暂时性的应急调控手段使用。

（三）水位调控技术

在高温季节如果水质过肥，可用潜水泵抽去部分底层水，及时补加适量的新水。当天气突变时，要及早加大水深。定期注入新水应因地制宜、因时而异，具体加水量根据水的肥度、鱼群浮动和池塘渗漏情况灵活掌握。春季浅水有利于提高水温，促进浮游生物生长；夏、秋季加大水体，能相应增大养殖动物的生活空间，促进其生长。在稻田综合种养实施过程中，稻田一般挖有环沟、鱼坑，根据养殖对象不同，水深一般在0.5米以上，田中水量显著高于稻单作的平均水平。研究表明，在浅水位条件下由于温度等因素，水中氨氮含量下降速度较快，净化效率和速率也较高。在施用氮肥后，水中的氨氮含量在施肥后先最大后减低，因此从氮净化角度出发，可在种养早期施氮肥时，根据实际养殖情况适当在施肥后适当降低水稻水位，早期的浅水位条件有利于水稻的分蘖。同时，稻田水位浅透光性强，营养盐含量高，加强了藻类的光合作用，提高了稻田水体的溶解氧浓度，为接下来投放的蟹苗、鱼苗提供天然饵料。在新一轮稻田种养中，该技术发展较快。

（四）底质调控技术

在稻田综合种养中，虽然水稻能一定程度减少养殖动物残饵、排泄物等带来的污染，但对环沟、鱼溜等及时清淤，是保证种养池塘水体环境稳定的重要措施。主要方法有：一是干塘清淤，2～3年清淤1次，若不能清除污泥，则放干水池进行曝晒，使淤泥干燥疏松；二是用生石灰清塘，将池水排至10厘米左右，用生石灰撒遍整个环沟，用钉耙把底泥翻耙一遍，使淤泥和石灰充分混合，杀死寄生虫和病菌，并使淤泥中有机物氧化分解；三是用微生物制剂调节，常用的微生物制剂主要有光合细菌、枯草杆菌、芽孢杆菌、酵母菌、乳酸菌、硝化细菌、反硝化细菌等，这些有益菌能够降解转化养殖池塘中的残饵、排泄物、动植物残体等有机物质，抑制和消灭病原微生物，分解氨、硫化氢等有毒有害物质，且能为以单细胞藻类为主的浮游生物提供营养，促进微生态环境平衡改善水相、藻相，从而达到改善养殖水体环境、促进养殖动物生长的目的。在新一轮稻田种养中，该技术广泛应用。

（五）水色调控技术

水体颜色是辨别水质好坏的实用指标，一般好的水色呈现出“肥活嫩爽”的特点。在稻田综合种养中，由于水稻栽种和水产动物放养时间的差异以及养殖动物种类的不同，对水体肥度的要求要根据实际需要进行调整。如扣蟹养殖时，养殖前期就要注意投入一些有机肥进行肥水，培养水中的浮游生物作为大眼幼体的饵料。而在扣蟹养殖后期和成蟹养殖时，原则应控制水体中的浮游生物数量，过多的浮游生物会摄食水体中的单细胞藻类，降低水体的造氧能力，同时也会与养殖动物竞争水体空间和食物。水体过肥时的调控措施主要有：一是补水和施肥，调节水体中藻类的组成和数量，使浮游生物比例回复到正常；二是通过药物杀灭、过滤和生物调控的方法，清除过量的浮游生物；三是用生石灰，调节水体 pH 和透明度。

（六）种植水草调控技术

稻田田沟中种植水草有多种功效，一方面是为水产动物提供隐蔽场所；另一方面水草作为附着物能够更好形成生物絮团，为养殖动物提供更多的天然饵料。技术要点是：水池的种植面积和种类应根据需要严格控制，并根据水草的实际生长情况进行必要的清理。如在进行水稻和扣蟹综合种养时，在较宽的环沟（3～5米）中，一般需种植 1/3～1/2 环沟面积的水花生，为扣蟹提供必要的隐蔽场所。在水草移栽早期，需适当补肥促进水草生长；中期水草面积过大时则需要及时清理，防止水草与水稻竞争养分；种养后期气温降低时，需及时将死亡的水草捞出，防止腐烂造成水质恶化。

（七）密度调控技术

适当的放养密度，对保持整个种养过程中水质和底质的条件非常重要。该技术的要点：根据田沟、鱼溜等的面积、深度计算田块的承载量，严格控制养殖动物苗种放养密度。例如，在蟹苗放养初期，易出现浮游动物过度繁殖天然饵料充足的表象，但初期如果投放过多的苗种，中后期过高的种群密度会带来对水体空间、氧气和食物的竞争，影响最终产量。因此，初期需要根据田沟的实际承载能力严格控制蟹苗投放量，随苗种投放小规格的 1 龄鳙可以有效地控制浮游动物过度繁殖；在养殖中后期水质过肥时，放养 1 龄白鲢可降低水体肥度，使水质肥而不腻、活而不滞。此技术在上海项目组水稻扣蟹综合种养中进行示范应用，并获得很好的调控效果。

二、总结提出常见水质问题的解决方案

项目组通过对主要水质调控技术的分析，以物理化学调控技术

为基础，结合微生物调控，从种养品种的组合、密度调控、水草种植等多角度，总结提出了稻田综合种养中常见水质问题的解决方案（表5-4）。

表5-4　水质调控中的常见问题和解决方法

具体问题	主要解决方法
低溶氧	勤换水，保持水质清新。有条件的则使用增氧机增氧，使用微生物制剂降解底泥中的有机物，调节水体中藻相平衡；紧急时可施用化学增氧剂，进行短期的改善
硫化物	根据稻田系统承载力合理放苗，养殖过程中严格控制投喂量减少残饵，采用微生物制剂调节底质菌相，减少硫化物的产生。硫化物超标时，可采用换水和纳米材料吸附等方法进行缓解
氨氮和亚硝酸盐	适量投饵和施肥，针对底质状况选择适合的菌株对底质进行处理。一旦水质恶化，应及时采用换水、增氧和纳米材料吸附等方法进行缓解
蓝藻水华	及时换水，控制水体中铵态氮含量，使用芽孢杆菌等微生物制剂改良底泥条件。调节水体中硅藻、绿藻等有益藻的种群比例，来防止蓝藻的暴发。高温季节蓝藻大量暴发时，及时用低毒药剂进行杀灭并及时捞出，投放1龄鳙、鲢控制水体浮游生物

第七节　配套田间工程技术

一、田间工程技术概述

项目组针对稻田种养田间工程改造出现的问题，确立了原则工作设计的基本原则：一是不能破坏稻田的耕作层；二是稻田开沟不得超过面积的10%。通过合理优化田沟、鱼溜的大小、深度，利用宽窄行、边际加密的插秧技术，保证水稻产量不减。同时，工程设计上，充分考虑了机械化操作要求，总结集成了一批适合不同地区稻田种养的田间工程改造技术（表5-5）。

表 5-5　不同种养模式配套水稻栽培技术及机械化比较

典型模式	配套水稻栽培技术	机械化程度	田间工程比重	田间工程模式
稻蟹共作	“大垄双行、沟边密植”水稻插秧技术	改良秧盘和插秧、收割农机，全机械化生产	5%～10%	口、日、田型田沟
	“分厢式”水稻插秧技术	使用传统秧盘和插秧机械，配合人工移栽	5%～10%	口、日、田型田沟
	“双行靠”水稻插秧技术	使用传统秧盘和农机，主要依靠人工栽插	5%～10%	大田块，口型田沟
稻虾连作	浙江稻-青虾轮作水稻栽培技术	机械化耕地、开沟、栽插和收割	5%～10%	虾沟、集虾潭
	湖北稻-小龙虾水稻栽培技术	机械化耕地、栽插和收割	5%～8%	虾沟
稻鳖共作、轮作	“二控一防”水稻栽培技术	机械化耕地、开沟、栽插和收割	8%～10%	中央田间沟
稻鳅共作	“合理密植、环沟加密”水稻插秧技术	采用免耕法，机械化收割	8%～10%	边沟、鱼坑
稻鱼共作	四川稻鱼共作水稻栽培技术	部分采用机械插秧和收割	5%～10%	边沟、鱼坑

二、技术简介

（一）“深沟高畦”稻田改造技术

该技术主要用于稻蟹共作模式（图 5-1）。通过对稻田的改造，为营造对河蟹生长发育有利的立体生态环境，保持稻蟹种养长期有水，并具备河蟹蜕壳所需的湿润环境；而水稻种植区又不长期淹水，可调节种植区至无明水的湿润状态，设计了开养殖沟的深沟高畦稻蟹生态种养田建设模式。该建设模式营造了既可满足河蟹生长发育要求的水环境条件和其他立体生态环境，又创造了便于水稻高产栽培的水肥调控和防治水稻病虫害发生的生态调控条件，营造了有利于河蟹、水稻生长和不利于病虫害发生为害的环境条件。视稻蟹种养田的大小与形状，一般 0.2～0.47 公顷和长条形的稻田，开口形环沟即可；面积较大和宽度超过 50 米的种养田，开日、目、田字沟。环沟宽 0.6～0.8 米、深 0.5 米。环沟距田埂 0.6 米左右，给河蟹创造上岸通道。中沟一般均匀分布于稻田之中。整地前建设好，种养田消毒可在养殖沟进行。养殖沟对河蟹增产和规格提高具有重要作用，尤其是成蟹养殖更为重要。一般情况下，开有养殖沟成蟹平均增产 10%～15%，100 克以上的高规格河蟹增产 15%～20%。该技术由辽宁项目组研发，已在辽宁、吉林、黑龙江等省大面积推广成功。

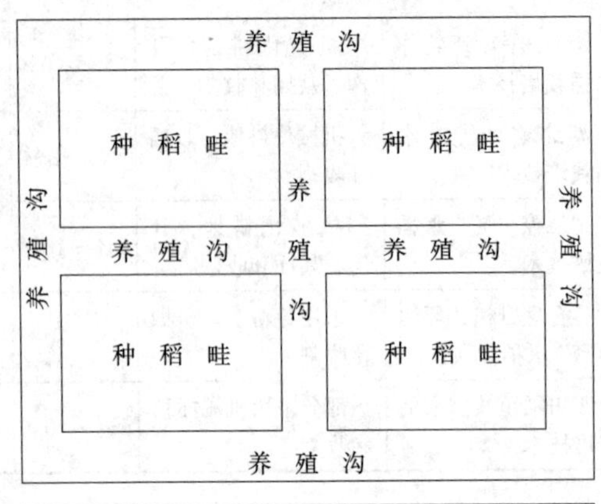

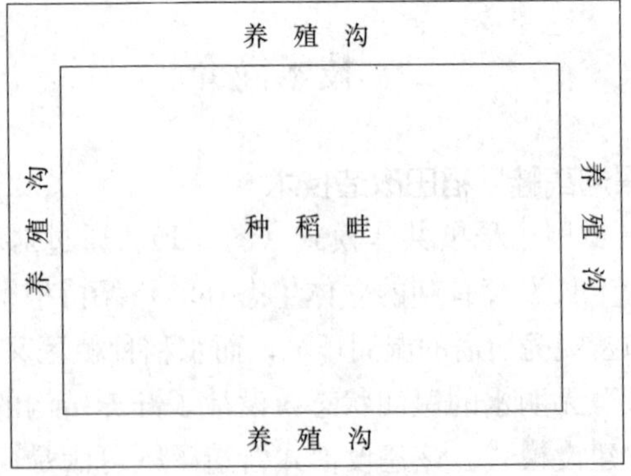

图 5-1　稻田养殖沟建设示意

（二）稻鳖共作鳖池改造技术

该技术要点为：一般每口池塘面积在0.3公顷以上，池底泥土保持稻田原样，只平整不挖深。沿稻田田埂内侧四周开挖供甲鱼活动、避暑、避旱和觅食的环形沟，环形沟面积占稻田总面积的8%～10%，沟宽2米、沟深0.8～1米。利用挖环沟的泥土加宽、加高、加固田埂。田埂加高、加宽时，泥土要打紧夯实，确保堤埂不裂、不垮、不漏水，以增强田埂的保水和防逃能力。改造后的田埂，高度在0.5米以上（高出稻田平面），埂面宽不小于1.5米，池堤坡度比为1∶（1.5～2）。条件允许，则浇灌混凝土防漏防逃。上面采用砖砌水泥封面，地面墙高1.2米，能保持水位1米。进排水渠分设，进水渠在砖砌塘埂上作三面光渠道，排水口由PVC弯管控制水位，能排干池水，排灌方便。与此同时，进、排水口用铁丝网围住，以防甲鱼逃逸。建立防逃设施，将石棉瓦埋入田埂泥土中20～30厘米，露出地面高50～60厘米，然后在每隔80～100厘米处用一木桩固定。稻田四角转弯处的防逃墙要做成弧形，以防止鳖沿夹角攀爬外逃。在防逃墙外侧约50厘米处，用高1.2～1.5米的密眼网布围住稻田四周，在网布内侧的上端缝制40厘米的飞檐。晒台、饵料台合二为一，具体做法是：在田间沟中每隔10米左右设1个饵料台，台宽0.5米、长2米，饵料台一端在埂上，另一端没入水中10厘米左右。该技术由浙江项目组研发，并在示范区推广。

（三）稻-鳅共作田间工程改造技术

该技术要点为：一般采用边沟＋鱼坑对稻田进行基础设施改造，也有部分试点采用稻田中间“十”字沟形式，但效果不如前者。以不破坏耕作层为前提，加宽加固田埂并夯实田埂。田埂高出0.3～0.5米，确保可蓄水0.25米以上。埂内侧埋下聚乙烯网布或塑料布等防逃设施，以防止泥鳅钻洞逃逸。进、排水口宜设在稻田的斜对角，用PVC管埋好进水和出水管，夯实田埂，并在进、排水口安装拦鱼栅，进水口用60～80目的聚乙烯网布包扎；排水口处平坦且略低于田块其他部位，排水口设一拦水阀门，方便排水；

排水口处要设有聚乙烯网栏，网孔大小以不阻水、不逃鱼为度，做到能排能灌。沟坑的开挖，主要根据稻田放养泥鳅的规格和数量以及预期产量而定。水稻插秧前在每块稻田四周挖鱼沟（边沟），沟宽0.5米、沟深0.5米，挖出的土方用于加高田埂；水稻插秧结束后，在不影响水稻正常生长的情况下，对田间间沟再进行清沟，把插秧时的淤泥清理出来，使边沟达到0.4～0.5米深，以充分利用稻田的边际效应。在稻田边沟处开挖1个长4～5米、宽0.8米、深0.6米的鱼坑，并在鱼坑上方设置一些遮阳网，便于烈日下泥鳅栖息与遮阴。开挖总比例控制在田块面积的10%左右。稻田养鳅试验成功与否的关键之一是能否做好防逃工作，田块四周应确保是宽度在1.5～2米的已充分沉降的埂基或道路，如不是，则必须在该埂基四周重新埋设一道防逃网片。网片设置可采用20～25目的聚乙烯网片，距上水口20～30厘米，用木桩或小竹竿固定，并埋入土下15～20厘米。同时，进、排水口也是泥鳅逃跑的主要部位，必须做好双重保险的防逃措施。同时，在稻田养殖区域的外河水域中，可放置数只虾笼再行观察。如发现外河中出现过多的泥鳅，则表明养殖泥鳅存在外逃可能，必须及时检查防逃设施。该技术由浙江项目组研发，并在示范区推广，因泥鳅适应能力较强，适合在全国多地均适用。

（四）稻-青虾连作水田改造技术

稻田青虾养殖的改造工程，包括开挖虾沟、集虾潭、加固和加高田埂、完善进排水系统。在稻田沿田埂内侧且离埂1～2米处，开挖宽2～3米、深0.6～0.8米的环形沟。面积在10亩以上的田块，还需要在稻田中间开挖“十”字形宽0.5～1米、深0.6～0.8米的田间沟；在靠近排水口一侧开挖方形或圆形集虾潭，集虾潭面积50～60米^2，深度在1米左右，虾沟和集虾潭坡比皆为1∶（2.5～3），并且互相连接相通，虾沟向集虾潭倾斜。利用挖出的泥土加固和加高田埂，田埂要求层层夯实，以防田埂渗漏甚至塌方，田埂呈梯形，坡比为1∶（2.5～3），田埂高出田面0.5～0.6米。进、排水口在原来基础上进行适当改造和加固，按照高灌低排的格局，进水口和田面平齐，出水口和集虾潭底部平齐，进、出口用密眼铁丝网或铁栅栏围住，以虾苗不能顺水或逆水逃逸为准。进水时需要用60～80目双层筛绢网布兜住进水口，以防可以捕食青虾苗种的敌害生物（如野杂鱼、蛙卵等）顺水进入稻田。该技术由浙江项目组研发，并在示范区推广，适宜在江浙地区应用。

（五）稻-小龙虾的田间工程改造技术

应选择水源充足、水质优良、壤质土的田块。稻田改造环沟沿田埂内侧1～2米处开挖，沟宽2～3米、深1～1.5米。田间沟与环沟相连，视田块大小挖成“十”字、“井”字形，沟宽、深0.5～1米（沟的布局以不影响机器耕作和收割为准）。暂养池（沟）位于稻田一端，宽5～10米、深1.5米。开挖的面积要占总面积的10%左右。工程建设的土方将田埂加宽1～2米，加高0.5～1米。进、排水系统要求互相独立，且能确保在洪水季节不逃鱼、不漫水；旱季能确保渔业用水。进、排水口地基要压紧夯实，并要用密眼网或拦鱼栅封好，严防小龙虾从进排水口逃跑。防逃设施可用塑料薄膜、玻璃钢瓦、石棉瓦、钙塑板、加强钙塑板、水泥预制板等，下端埋入土中15～20厘米，地面上至少露出40厘米高，四角要呈圆形。该技术由湖北项目组研发，并在示范区推广，在全国多地区适用。

（六）稻鱼共作的田间工程改造技术

稻田选择要求水源充足、排灌方便、保水保肥能力强、不渗水不漏水、水源无污染的稻田。田埂加高到0.8米、田埂顶宽0.5～0.6米，坡度比1∶1.3。鱼凼、环沟的面积按养殖面积的8%～12%开挖，鱼凼一般在养鱼田块一角或靠阴山一边开挖，鱼凼深1.0米。靠田块的一方，用10～12厘米的石板或砖进行浆砌，坡度1∶1.25。环沟在养鱼稻田的四周距离田埂1～1.5米处开挖，沟宽1～1.5米、沟深0.6～0.8米。养殖稻田注排水系要通畅。进、出水口要设置在稻田斜对两端，进水时可使稻田的水都能均匀流动，增加水体溶氧量，使鱼在田里活跃游动，提高鱼饲料的利用率和鱼体生长速度。在进水口上安1道12～15目的聚乙烯过滤网；

在出水口上安拦鱼设施（即二道网），呈弧形，第一道是拦渣网，第二道拦鱼网，用网目0.7～1厘米的聚乙烯网，一般以能防止逃鱼和水流畅通为准。该技术由四川项目组研发，并在示范区推广，适宜在西南地区应用。

第八节　配套捕捞加工关键技术

以往的稻田种养多为稻田养鱼，捕捞方式和技术较为单一。新一轮稻田种养中，养殖品种包括了鱼、虾、蟹等多种水产品种，而且由于稻田水深较浅，环境也较池塘复杂，生搬池塘捕捞方法难以满足稻田种养的需要，捕捞与稻田种养的茬口紧密结合提高生产效益的案例更是鲜见报道。项目实施过程中，针对稻田水深浅，充分利用鱼沟、鱼溜，根据养殖生物习性，采用网拉、排水干田、地笼诱捕，配合光照、堆草、流水迫聚等辅助手段，提高了起捕率、成活率。

一、网 捕 法

（1）泥鳅　在水稻收割前，用三角网设置在稻田排水口处，然后排放田水，泥鳅随水而下时被捕获。此法一次难以捕尽，可重新灌水，反复捕捉。

（2）黄鳝　①敷网捕黄鳝。先将敷网敷设在稻田的环沟中，并在网中央布置水草及诱饵，黄鳝就会钻入网中摄食，每隔0.5～1小时，提网取鳝。反复捕几个晚上，起捕率可达60%～80%。根据黄鳝喜在微流水中栖息这一特点，先将稻田中的水排出一半，再从进水口放入新鲜水，并保持进、出口水量基本相同，在进水口底部放一张敷网，或等大的网片，网片四角用绳扎牢，10～30分钟起网1次，捕获黄鳝。②抄捕黄鳝。抄捕黄鳝用的抄网多为梯形、椭圆形或三角形，面积0.1～4米^2。作业时，先将抄网平整地铺在食台上，投食后，黄鳝就会聚集在食台上摄食，此时迅速提起抄网即可捕获，或直接在食台上抄捕；晚上则可利用灯光引诱后直接抄捕。

（3）青虾 拉网捕虾，拉网2人，站在沟池两边稻茬区，从远虾子池的虾沟端开始，进行拉网驱赶青虾。拉网下纲须紧贴底泥缓慢扫地拽行，最后歼捕虾子池内的青虾。半小时后，可重复进行一次拉网，二网可捕出青虾80%左右，且能将部分青虾大小分离。

二、排干田水捕捉法

（1）泥鳅 在深秋稻谷收割之后，把田中鱼沟、鱼溜疏通，将田水排干，使泥鳅随水流入沟、溜之中，先用抄网抄捕，然后用铁丝制成的网具连淤泥一并捞起，除掉淤泥，留下泥鳅。天气炎热时可在早晚进行。田中泥土内捕剩的部分泥鳅，长江以南地区可留在田中越冬，翌年再养；长江以北地区要设法捕尽，可采用翻耕、用水翻挖或结合犁田进行捕捉。

（2）黄鳝 将稻田中的水逐步排干，只剩沟内水，先用抄网等工具捕捞黄鳝，剩下的黄鳝，待泥土能挖成块时，寻找黄鳝的洞穴，可用铁铲等工具翻土捉鳝。

（3）青虾 首先同网拉捕捞法，排水将稻茬区内的青虾引入虾池、虾沟中，再排净沟地积水。排水时，部分青虾随水流进滤虾网中。排净积水，捕捉清除余虾，先沟后小池，虾沟分段进行。清虾方法：从远离虾池的虾沟端开始，将扎成捆的稻草把横卧于沟底泥面上，顺沟慢慢往前推移，当青虾和泥水积聚达一定密度时，用小抄网捞起倒入塑料桶中运走，最后将稻草把推移进入虾子池，直至排水口处。

（4）扣蟹 在采用其他方法捕捉扣蟹之后，还会有小部分的蟹种隐蔽在洞穴中，此时可以待稻田水排干后，使用铁锹等工具挖出蟹种。但是采用这种方法蟹种容易损伤，捕出的蟹种占总回捕量的5%左右。

三、堆草捕捉法

（1）黄鳝　①扎草堆捕鳝。先将水草堆成小堆，放在稻田边四角，过1、2天用网将草堆围在网内，将网中的草捞出，黄鳝便落在网中。可把饵料放在草包里搁在投食处，还可将幼鳝诱入草包而捕获，也可将干枯的老丝瓜，或是聚乙烯网片卷成的小网筒等，引诱幼鳝钻进捕获。②草垫捕鳝法。秋冬季节放干稻田水之前做好诱鳝的准备，将草垫或草包用生石灰、漂白粉水溶液消毒、除碱、冲洗，晾干备用。然后在稻田沟中将草垫铺上一层，撒上厚3～5厘米的消毒稻草、麦秆等，再铺上第二层草垫后，撒上一层厚约10厘米的稻草。当水温降至13℃以下时，逐步放水至3～8厘米；水温降至8～10℃时，再于泥沟中加盖一层厚约20厘米稻草；温度再明显下降时，彻底放干稻田水，此时由于稻草层的“逆温层效应”作用，温度高于泥层，可长时间保证黄鳝群居于泥草之间和草垫之间而不会跑掉。如果需保持到严冬时节，还应根据冰冻情况进一步盖稻草等物，或用塑料棚保温。收鳝时按需收取，不要一次性揭去全部稻草。

（2）扣蟹　进入11月后河蟹基本停止生长，此时将稻田四周的水草割除，然后分散堆放到种稻平台中间，在蟹种出售前一天开始排水。池塘水排完后，蟹种基本都集中在堆放的草堆中，翻开草堆即可捕出蟹种，捕完后再注入新水。采用这种方式捕出的蟹种，占总回捕量的80%左右。

四、诱 捕 法

（1）泥鳅、黄鳝　在稻谷收割前后均可进行。于晴天傍晚时将田水慢慢放干，待第二天傍晚时再将水缓缓注入坑溜中，使泥鳅集中到鱼坑（溜），然后将预先炒制好的香饵放入广口麻袋，沉入鱼坑（详见池塘捕捞中的食饵诱捕法）诱捕。此方法在5～7月间以白天下袋较好，若在8月以后则应在傍晚下袋，第二天日出前取出效果较好。放袋前一天停食，可提高捕捞效果。如无麻袋，可用旧草席剪成长60厘米、宽30厘米小片，将炒香的米糠、蚕蛹粉与泥土混合做成面团放入草席内，中间放些树枝卷起，并将草席两端扎紧，使草席稍稍隆起。然后放置田中，上部稍露出水面，再铺放些杂草等，泥鳅会到草席内觅食。

（2）青虾　①灯光诱捕，光源为白炽灯（15～40瓦）或其他火光1～3盏，夜间置灯于虾池、虾沟的田埂端，灯光不能太强、不能直射。待灯光下的虾池、沟水中所诱集的青虾密集成堆时，用抄网捞出水即可。②虾巢诱捕法，采用水、陆生植物的茎梗（如水花生、柳树枝、茶树枝等），用细绳捆扎成把，即制作成1个虾巢，数量10～20个。使用虾巢捕虾，如同虾笼法沉水起水。起水后的虾巢都放在网箱中，逐个颤抖虾巢，使其中攀爬躲藏的青虾全部掉落在网箱内。

五、笼捕法

（1）小龙虾　5月中旬至8月中旬，采用虾笼、地笼网起捕，效果较好。下午将虾笼和地笼网置于稻田虾沟内，每天清晨起笼收虾。或者一个人用一定密度网眼的抄网在虾沟中来回抄捕，规格较小的虾从网眼逃逸，符合规格的虾不能逃逸而被捕捉，效果很好。最后在稻田割谷前排干田水，将虾全部捕获。

（2）泥鳅、黄鳝　采用须笼或鳝笼捕捞。捕黄鳝的鳝笼，结构分前笼身、后笼身、笼帽、倒须和笼签五部分。前笼身长50～70厘米、直径7～8厘米；后笼身长8～35厘米、直径7～10厘米，倒须、笼帽配套，笼签是启闭笼帽的专用竹篾。捕捞季节在谷雨至秋后，作业时将笼放在稻田进出水口处，或黄鳝游经的田边，待黄鳝自行钻入笼内后捕获。每亩稻田放数只，每晚收笼取鳝3～5次，若在笼内放些诱饵，则捕捞效果更佳。有些地区的鳝笼为直笼，长50～60厘米，用竹篾编成台柱形，分头、身、尾三部分，有漏斗状倒须一头，直径10～15厘米；尾端直径8～12厘米，内口径5～7厘米，用塞子塞住，放诱饵和取鳝就在此端操作，直笼小巧，操作方便。用笼捕的黄鳝质量好，捕到的黄鳝应进行分拣，大的作种鳝、或出售，小的可作苗种留养。笼捕黄鳝，在笼布放时应将笼部分露出水面，以免黄鳝在笼内缺氧死亡。

（3）青虾　采用铁丝、竹条做支架，四周和底部外罩网片或竹篾片编织、外罩眼的大小以捕虾大小规格设定，顶端敞口或盖倒须口，制作成一个直径50厘米、高20厘米的圆柱或鼓形虾笼；数量10～20个。虾笼用细绳3～4根分别吊结在其顶口圈的对角位置上，细绳另一端捆在一起并装上一块小浮子（如塑料泡沫板）。捕虾时，将小杂鱼、动物内脏等切片分成多份诱饵，逐一装在虾笼内底部。然后用钩杆逐个挑起虾笼，分散沉在虾子池、沟水下泥面上，引诱青虾入笼。半天后，逐个挑起浮子处细绳，虾笼慢慢出水，倒出其中青虾。必要时，反复进行诱捕多次

六、迫聚法

（1）泥鳅、黄鳝　①药物迫聚法。通常使用茶粕（也称茶枯、茶饼，是榨油后的残存物，存放时间不超过2年），稻田用量5～6千克/亩。将药物烘烧3～5分钟后取出，趁热捣成粉末，再用清水浸泡透（手抓成团，松手散开），3～5小时后方可使用。将稻田的水放浅至3厘米左右，然后在田的四角设置鱼巢（鱼巢用淤泥堆集而成，巢面堆成斜坡形，由低到高逐渐高出水面3～10厘米），鱼巢大小视泥鳅的多少而定，巢面一般为脚盆大小，面积0.5～1米^2。面积大的稻田中央也应设置鱼巢。施药宜在傍晚进行，除鱼巢巢面不施药外，稻田各处需均匀地泼洒药液。施药后至捕捉前不能注水、排水，也不宜在田中走动。泥鳅一般会在茶粕的作用下纷纷钻进泥堆。鱼巢施药后的第二天清晨，用田泥围1圈拦鱼巢，将鱼巢围圈中的水排干，即可挖巢捕捉泥鳅。达到商品规格的泥鳅可直接上市，未达到商品规格的小鳅继续留田养殖。若留田养殖需注

入 5 厘米左右深的新水，有条件的可移至他处暂养，7 天左右待田中药性消失后，再转入稻田中饲养。此法简便易行，捕捞速度快，成本低，效率高，且无污染（须控制用药量）。在水温 10～25℃时，起捕率可达 90%以上，并且可捕大留小，均衡上市。操作时应注意以下事项：首先，用茶粕配制的药液要随配随用；其次是用量必须严格控制，施药一定要均匀地全田泼洒（鱼巢除外）；此外鱼巢巢面必须高于水面，并且不能再有高出水面的草、泥堆物。此法捕鳅时间最好在收割水稻之后，且稻田中无集鱼坑、溜的；若稻田中有集鱼坑、溜，则可不在集鱼坑、溜中施药，并用木板将坑、溜围住，以防泥鳅进入。②流水迫聚法。用于可排灌的稻田，在田的进水口处，做 1 条短渠，将迫聚物质撒播或喷洒在田中，迫使黄鳝逆水游入短渠中。③静水迫聚法。用于不宜排灌的稻田，备半圆形有网框的网或浅箩筐，将田中高出水面的泥滩耙平，在田的四周，每隔 10 米堆泥一处，并使其低于水面 5 厘米，在上面放上该网、筐，并在网、筐上再堆泥，高出水面数厘米即成。傍晚将迫聚物质施放于田中，迫使黄鳝向田边游，遇上小泥堆，即钻进去。翌日清晨便可提起网或筐取鳝。

（2）扣蟹　①落缸捕捉法。在稻田环沟的四周挖若干个坑，在坑内放置 1 个塑料桶，沿着坑横截面的两边用玻璃或塑料薄膜设置阻拦设施。通过大幅度降低水位，排完水后马上进水，此时河蟹受水流的刺激开始往池塘四周爬行，遇到阻拦设施后改变方向，改向塑料桶爬行，最后纷纷跌入桶中，随即用网具抄捕。采用这种方式捕出的蟹种，占总回捕量的 15%左右。②流水迫聚法。利用蟹种有逆流而上的习性，将稻田中水放去一半，再加水装上蟹笼予以捕捉。10 月之后集中捕捞蟹种，可按此方法进行。

除了根据养殖品种采用不同的捕捞方式，各地还根据本地种养特点开发了一系列与种养茬口相配套的捕捞技术。如湖北研发了小龙虾“捕大留小”技术，是捕捞与种植方法相配套的典型案例。在稻-小龙虾连作中，上年 8～10 月投放的亲虾在 5 月捕捞时并不将小龙虾全部捕获，而是按 10～15 千克/亩留存亲虾作为翌年的虾种，留种稻田的水稻移栽则采用免耕抛秧法。在稻虾鳖共作的稻田中，3～4 月放养的幼虾，经过 2 个月的饲养，部分小龙虾能够达到商品规格。将达到商品规格的小龙虾通过虾笼和地笼进行捕捉并上市出售，未达到规格的继续留在稻田内养殖。鳖种下池后禁捕小龙虾，未捕尽的小龙虾留作鳖的饵料。待 11 月中旬以后，采用地笼和干塘法将鳖抓捕上市，这则是充分利用不同养殖动物放养茬口、增加天然饵料的典型案例。

第九节　配套质量控制技术

农产品的质量安全，不仅关系到人民群众身体健康和生命安全，还关系到经济发展、社会稳定及国家形象。但近年来一件件质量安全事件，让食品安全问题越来越受到社会的关注。农产品作为众多食品的源头产品，对其进行质量控制势在必行。在新一轮稻田综合种养中，对稻田产品质量安全相关的稻田环境、水稻种植、水产养殖、捕捞、加工、流通等各个环节的生产过程及过程中投入品的质量控制要求进行了总结，提出了各环节质量控制应执行的标准和采用的技术手段。

在现代农业中，物联网已经有了初步的应用。如利用 RFI 天技术，对农产品进行原始数据的采集，利用网络信息技术进行传送和追踪，实现产品的可追溯。另外，还可进一步利用传感器和网络控制技术，实现对生产环境信息的实时采集，有效解决传统农产品供应链中的信息不对称问题，提高生产过程中对产品质量监管的控制力度。

一、对生产环境的监控

良好的生产环境，是保证农产品质量的关键。目前，农产品质量安全问题主要因为生产过程中缺乏对生产环境的有效监控，从土壤、水体、饲料这种源头上就开始出现问题，即从源头开始农产品质量就已经不达标，更无法保证最终产品的质量安全。目前，我国的粮食及水产品生产主要还是遵循自然常态规律，虽有一定的温室大棚的应用，但对与作物生长相关的光照、温度、施肥、投饵等指标缺乏有效的监控和调控，对可能发生的灾害也缺乏足够的预警。另外，缺乏对种养环境的跟踪监测及溯源，也是影响产品质量安全的主要原因。对农产品生产环境的监测，是控制农产品生长环境指标的重要手段，一旦发生影响产品质量安全的情况能够及时处置，最大程度减低影响；通过溯源系统，则能在发现问题后找到影响产品的具体环节。

在水稻生产方面，种植区的温湿度、降水、光照、土壤成分等是影响水稻生长和品质的重要因素，通过各种传感器构成的传感网络能对上述参数进行及时有效的监测，对水稻生长进行远程监控，必要时进行人工干预，趋利避害提高产量和质量。常用的手段如通过土壤传感器检测土壤水分，进行远程/自动灌溉控制，提高水资源的利用效率。同时，也可以通过土壤传感器监控土壤养分及化学残留，防止过度施肥导致土壤面源污染。除此之外，利用传感器，结合气象及病害预报进行种植的预警，也是接下来要逐步完善的系统。

在水产品的生产环节，水体环境的好坏关系到水产品的产量和质量，根据水质监测的结果及时进行调控，是保证水体环境稳定的关键。在养殖环境中应用较多的传感器，主要包括了对水温、溶氧、流速、pH 等参数进行监控的水质传感器，发现并及时反映给管理人员。与之相配套的则是通过水质指标的监控，对可能或已经出现的水体环境问题发出警报或预警，并根据需要自动或人工启动相应的控制器或人工干预程序解决出现的问题。如当溶氧传感器监测到水体溶氧过低时，会向监控中心发出警报，自动启动增氧机控制器对出现问题的水体进行增氧。水产品养殖过程中的投喂决策系统则是另一个有待开发的关键系统，该系统根据养殖种类、规格、养殖密度等信息，结合水体传感器获得的水温、溶氧、氨氮等指标，根据以往投喂经验总结出不同生产阶段、投喂量的关系模型，优化投喂方式，在降低饵料成本的同时减少水体的面源污染。在疾病预警方面也同样利用水质传感器，结合气象、病害及养殖产品的信息，通过专家调查和建议，对已经发生或可能发生的区域进行干预或预警。

二、对产品加工、运输环节的质量控制

加工：稻米和水产品的加工，主要包括对原产品的检疫、化学品及重金属残留的检验、保鲜、个体识别、包装等。比较常用的有利用 RFI 天、条码等手段，对产品或包装后的产品进行标识，而该批次产品的检疫检验结果、收获/捕捞日期、产地等信息均可通过该标识获取，从而对整个加工过程进行质量安全监控。在加工过程中，智能化和自动化也是接下来的发展方向之一。如利用计算机图像识别技术和自动筛选系统对稻米的品质进行鉴定，对水产品进行规格分级等。

仓储：稻米、水产品的保鲜与产品的质量安全直接相关，利用 RFI 天、条码等手段对该环节的监控，主要是对仓储位置、温度、时间、是否添加防腐剂等信息进行追溯。而在仓储过程中，温湿度传感器和自动环境控制设备，则是目前物联网在仓储环节主要的应用。而目前在仓储过程中急待解决的问题除了仓储产品的质量监控外，如何与物流系统相结合，实现产品的合理调配，是提高整体质量、减低仓储成本和风险的关键。

物流：目前，我国农产品在物流过程中存在的问题尤为突出，运输环节损失率常高达 20%～30%，产品质量问题也常常是在物流过程中产生，因此保证农产品在物流过程中的质量非常重要。如稻米产品在物流过程中的温湿度条件，水产品在物流过程中的冷藏温度、运输时间等，均是产品质量控制的关键。除了提高物流速度、减低损耗率外，对产品安全监控常用的方法主要利用 RFI 天、条形码对产品进行标识，还对冷藏集装箱、大型货车等运输工具安装温湿度传感器、克 PS 定位系统等对农产品的运输过程进行监控

和溯源。但如果同时能结合仓储系统和零售系统，实现物流运输的整体调配和控制，不仅能更好地降低成本，还能提高顾客满意程度，促使种养产品的产业链更快速地形成。

三、质量追溯体系的建立

在前文中已提及目前我国大多数农产品缺乏质量追溯体系，特别是在传统的小规模、分散式的生产模式下，产品出现了质量问题也无从追查。新一轮的稻田综合种养鼓励以龙头企业、合作社作为主体，这样的生产主体一般有庞大的自由资金和专业的养殖环境，进行规模化产业化的生产，拥有相对独立的科研团队和技术支持，在加工、运输和仓储等环节也有独立、先进的设备，在产品的销售方面一般也与大型超市等具有对接关系，这为物联网技术的应用，智能化可视化追溯系统的建立提供了必要条件。

目前，我国农产品的安全追溯系统正在各个领域逐步建立，但目前物联网在农业中的应用总体还处在起步阶段，首先需要完成的是对农业生产中重要信息的溯源。如在水稻生产中化肥、农药等生产性的投入信息，种养过程天气及病害信息，水产养殖中苗种的来源、饵料、药物、水体指标、病害发生等均是在生产过程中的关键信息，而在产品到零售之前，还会经历加工、运输、仓储过程，这些均是影响产品安全的关键环节。质量追溯系统正是利用传感网络、可视化监控网络、RFI天电子标签等手段完成对这些环节的监控，如果消费者购买的产品出现了任何问题，就可以通过相关的信息来确定问题出现的环节，这样就能逐步建立一个有效的农产品质量监控和追溯体系。

目前，全国各示范区在制定稻田综合种养生产技术规范过程中，通过专家审查的方式，确保了生产技术规范中能充分体现相关质量标准和要求。并在生产中，通过无公害产地和产品认证，绿色、有机产品生产，品牌化产品生产，落实相关要求。同时，探索实践了以稻米种植、水产品养殖、加工、仓储、流通、监管及溯源等各环节的关键技术问题为突破口，以物联网、云计算等新技术为支撑，建立稻田综合种养产业链全时空监控和质量安全动态追溯系统。如上海项目单位，通过物联网技术，示范区养殖扣蟹的亲本来源、养殖场所、水源环境、日常养殖中的饲料种类及投喂、药物使用、关键水质指标、气候条件等信息，产品捕捞后的分选、运输直至最终去向均能做到全程监控溯源，初步实现了物联网技术对稻田产品生产质量的控制。

第六章 稻田综合种养综合效益分析

一、稻田综合种养综合效益分析

2007年起，农业部全国水产技术推广总站将稻田综合种养技术纳入渔业入户主推品种和主推技术，在全国开展稻田综合种养的技术示范。2010—2012年，10个示范省（自治区）的测产验收及成本收入分析对比的结果，对稻田综合种养的综合效益分析如下。

（一）经济效益

1. 增产增收

10个省（自治区）示范区在维持每亩产水稻500千克以上、水稻稳产的前提下，增加了水产品产量。

2. 提质增收

通过良种引进，标准化生产，提升了稻田产量的品质和质量安全水平，促进了优质水稻和水产品的生产，提升了水稻的价值。如浙江青田通过“稻鱼共生”系统生产的“有机稻”“田鱼”等产品，成为畅销海内外的优质食品。

示范区典型模式单位规模新增纯收益计算结果见表6-1。

（二）生态效益

1. 大大减少了化肥的使用

以有机肥料作为基肥，以水产生物的粪便作为追肥，从而大大减少了化肥的使用。10个省（自治区）示范区减少化肥使用量30%～100%不等，平均减少62.9%。

表 6-1　示范区典型模式单位规模新增纯收益结果

序号	推广模式	每亩新增产值（元）	每亩新增成本（元）	每亩新增纯收益（元）
		A	B	＝A～B
1	盘锦地区“大垄双行、沟边密植、早放精养”稻-蟹共作	977.82	346.30	631.52
2	镇赉县“大垄双行”稻河蟹共作	1 484.00	260.00	1 224.00
3	潜江、仙桃、洪湖稻-小龙虾连作模式	2 343.63	930.00	1 413.63
4	全椒县稻-小龙虾连作	2 377.01	375.00	2 002.01
5	绍兴县稻-青虾轮作	3 481.50	1 131.50	2 350.00
6	九江县稻-虾轮作	2 226.00	821.00	1 405.00
7	丽水市稻-鱼共作	8 693.64	991.40	7 702.24
8	蓬溪县稻-红田鱼共作	2 256.04	1 000.00	1 256.04
9	邵武市稻-鱼共作模式	3 106.50	1 240.00	1 866.50
10	万载县稻-鱼共作	1 545.60	800.50	745.10
11	靖州县、龙山县稻-鲤共作	2 796.00	375.00	2 421.00
12	德清县稻-鳖共作＋轮作	14 042.50	5 177.30	8 865.20
13	宜城、京山、赤壁稻-鳖共作	10 163.49	5 880.00	4 283.49
14	蓬溪县稻-泥鳅共作	5 858.27	2 009.00	3 849.27
15	祁东县稻-泥鳅共作	4 230.00	1 530.00	2 700.00

注：单位规模新增纯收益＝单位规模新增产值－单位规模新增成本。

2. 限制并减少了农药的使用

水产生物对农药分敏感，限制并减少了农药的使用，稻田生态种养减少化肥和农药等化学制品的使用量，降低农业的面源污染。10 个省（自治区）示范区减少农药使用量 10％～100％不等，平均减少 48.4％。

3. 促进了稻田土壤肥力的恢复

水产生物活动以及水产养殖中有机肥、饲料、微生物制剂的使用，提高了土壤中有机质含量，减少了化肥使用，防止土壤板结化。

4. 减少了甲烷等温室气体的排放

研究表明，稻鱼共生系统可以减少17%以上温室气体的排放。

（三）社会效益

（1）稻田综合效益的提高，显著增加了农民的收入，提高了种植水稻的积极性，稳定了水稻生产，为保障粮食安全发挥了作用。

（2）促进了种养大户、合作经济组织、龙头企业等经营主体的形成，加快了稻田的流转，提高了农民组织化程度，提升了水稻规模化生产和产业化经营水平。

（3）改善了农村生态环境。通过稻田工程提高了农村设施水平，美化了环境，促进了相关休闲农业的发展。同时，还减少了稻田中蚊子、钉螺等有害生物孳生地，从而减少疟疾、血吸虫病等重大传染病的发生。

（4）传承了传统农耕文化。稻田养殖是我国灿烂农耕文化的重要组成部分。发展稻田综合种养，在农民受益的同时，生产生活不脱离稻鱼系统，从而有利于传统农耕文化的继承和保护。

（5）通过加高加固田埂，开挖沟凼，增加了稻田蓄水能力，提升了防洪抗旱能力，有利于防洪抗旱。如宁夏地区通过稻蟹工程，每亩稻田蓄水量增加100米^3，大大增强了抗旱能力（表6-1）。

二、稻蟹共作和稻鱼共作模式的成本效益对比分析

稻蟹共作和稻鱼共作，是我国目前最主要的两种稻田综合种养模式。辽宁盘山地区的稻蟹共作模式，是国内发展最快和影响力最大的养殖模式，并在我国辽宁、宁夏等北方地区得到大面积的推广应用；稻鱼共作模式在我国已有悠久的历史，在南方省份有较广的应用分布。本节以2013年辽宁（盘山、大洼）、宁夏、福建、湖南4个省份两种主要稻田种养模式的调查数据，采用Kruskal-Wallis非参数检验等方法，分析两种稻田种养模式在生产投入、经济效益

上的差异以及在化肥、农药减量等方面的效应。

（一）调查方法

1. 调查内容及方法

本调查采取随机抽样和典型抽样相结合的方法，根据各省稻田综合种养组成实际情况以及历年统计的收益情况设置调查样点。选择北方地区辽宁、宁夏的稻蟹种养户以及南方地区湖南、福建的稻鱼种养户作为调查对象。每个省份以区县为单位，在每个区县内选择当地有代表性乡镇的稻田种养田块进行调查，同时，选择周边常规种植水稻田块进行对比，填写相关调查问卷。本次调查样品分布为辽宁盘山 51 户、辽宁大洼 52 户、宁夏 44 户、湖南 42 户、福建 38 户，分别占总样本的 22.5%、22.9%、19.4%、18.5% 和 16.7%。本次共调查了四省份共 40 个乡镇，发放调查问卷 250 份，回收有效问卷 227 份，占总回收问卷数的 90.8%。

2013 年的调查数据，对 4 个省份主要稻田种养模式的经济效益进行分析，经济效益调查主要从被调查户自身利益出发，以实际市场价格衡量其收支状况。其中，直接生产成本主要包括苗种、饲料、种子、化肥、农药等生产材料的购买费用以及机耕、劳力等其他直接生产成本；间接生产成本包括土地承包费、农具购置费、修理费、租赁费、管理费等；收入部分主要包括水稻、水产品收益以及政府补贴费用等。

2. 数据统计分析

利用 Excel 对分析数据进行整理及简单的统计计算，为了进一步了解各地区投入产出的状况，我们选择 Kruskal-Wallis 检验方法进行数据处理和比较，利用 MATLAB 软件进行相关分析：

给定 N 个个体用以 $s(s \geqslant 3)$ 种处理方法效果的比较，将这 N 个个体随机地分为 s 组，使第 i 组有 n_i 个个体，并指定这 n_i 个个体接受第 i 种处理方法的试验（$i=1, 2, \cdots, s$），这时 $\sum_{i=1}^{s} n_i = N$，当试验结束后，将这 N 个个体放在一起根据处理效果的优劣排序得到每个个体的秩。记第 i 组的 n_i 个个体的秩为

$$R_{i1}, R_{i2}, \cdots, R_{in_i}, \quad i=1, 2, \cdots, s$$

并设观测值中无结点且 $R_{i1} < R_{i2} < \text{L} < R_{in_i}$，$(i=1, 2, \cdots, s)$，并根据上述的秩来检验原假设

H_0："各地区投入产出效果无明显差异"

能否被接受。

Kruskal-Wallis 检验所构造的统计量的思路如下：

首先令

$$R_{i}. = \frac{R_{i1} + R_{i2} + \text{L} + R_{in_i}}{n_i}, \quad i=1, 2, \cdots, s$$

$$R.. = \frac{1}{N}\sum_{i=1}^{s}\sum_{j=1}^{n_i} R_{ij} = \frac{1}{N}\sum_{k=1}^{N} k = \frac{N+1}{2}$$

$R_i.$ 是第 i 组个体秩的平均值，$R..$ 是总的平均值。如果各方法处理效果之间有显著差异，则各 $R_i.$ 相互差异较大；反之，若 H_0 为真，由于分组的随机性，则各 $R_i.$ 相互差异应较小，且均匀分散在 $R..$ 附近。令

$$K = \frac{12}{N(N+1)}\sum_{i=1}^{s} n_i (R_i. - \frac{N+1}{2})^2 \qquad (6\text{-}1)$$

称为 Kruskal-Wallis 统计量。

注意到：$\sum_{i=1}^{s} n_i = N$，$\sum_{i=1}^{s} R_{i+} = \frac{N(N+1)}{2}$，于是 Kruskal-Wallis 统计量可以化简为

$$K = \frac{12}{N(N+1)}\sum_{i=1}^{s} \frac{R_{i+}^2}{n_i} - 3(N+1) \qquad (6\text{-}2)$$

我们可以证明，当 $n_i \to \infty$，$(i=1, 2, \cdots, s)$ 时，Kruskal-Wallis 统计量的零分布趋向于自由度为 $s-1$ 的 χ^2 分布，即有

$$P_{H_0}\{K \geqslant c\} \approx P\{\chi^2(s-1) \geqslant c\} \qquad (6\text{-}3)$$

给定 α，取临界值 $c \approx \chi_{\alpha}^2(s-1)$，即自由度为 $s-1$ 的 χ^2 分布的上侧 α 分位数．根据各组个体的秩求出 K 的观测值 K_0，若 $K_0 \geqslant \chi_{\alpha}^2(s-1)$，则拒绝 H_0，否则接受 H_0．或者通过（6-3）式计算出概率，若 $p < \alpha$，则拒绝 H_0，否则接受 H_0。

（二）调查结果

1. 不同种养模式的经济效益分析

依据调查统计数据，将各种费用加总计算得到不同地区稻田综合种养模式与水稻单种模式下的投入、收益和利润状况。辽宁的大洼县和盘山县虽同为稻蟹种养模式，但两县的实施及收益差异较大，故将两县分开统计。根据以上统计数据计算所得稻田综合种养及水稻单作模式利润数据的最小值、最大值、均值、标准差等数据特征如表 6-2 所示。

表 6-2 不同种养模式利润描述性统计

地区	生产模式	最大利润（元/公顷）	最小利润（元/公顷）	平均利润（元/公顷）	标准差（元/公顷）	利润极差（元/公顷）
辽宁大洼	稻蟹种养（RC）	17 640	13 395	16 394	1 232	4 245
	水稻单种（RM）	6 840	4 395	5 693	875	2 445
辽宁盘山	稻蟹种养（RC）	53 580	22 005	31 251	6 236	31 575
	水稻单种（RM）	16 305	7 568	12 852	3 210	8 738
宁夏	稻蟹种养（RC）	25 515	5 430	15 782	6 644	20 085
	水稻单种（RM）	8 700	90	6 244.5	3335	8610
湖南	稻蟹种养（RC）	72 188	36 516	45 287	1 3404	35 72
	水稻单种（RM）	9 308	7 238	8 064	771	2 070
福建	稻蟹种养（RC）	58 284	13 799	29 928	16 218	44 486
	水稻单种（RM）	16 322	5 825	10 688	3 629	10 497

由表 6-2 可知，辽宁大洼、盘山的综合种养的最小利润均大于水稻单种的最大利润；综合种养的平均利润是水稻单种平均利润的 2.88 与 2.43 倍，福建的综合种养的平均利润是水稻单种平均利润的 2.80 倍，湖南的综合种养的最小利润 36 516（元/公顷）是水稻单种的最大利润 9 307.5（元/公顷）的 3.92 倍，宁夏综合种养的平均利润是水稻单种平均利润的 2.53 倍。由此表明，稻田综合种养模式的经济效益优于水稻单种模式。

2. 不同种养模式投入产出的非参数检验

我们用1、2、3、4、5五个编号分别代表辽宁大洼、辽宁盘山、福建、湖南和宁夏五个地区，然后利用MATLAB软件对两种不同种养模式的投入、产出数据进行非参数检验，得到结果如表6-3、表6-4所示。

表6-3　各地区不同生产模式的投入产出

地区	生产模式	投入（元/公顷）	产出（元/公顷）
辽宁大洼	稻蟹种养（RC）	23 606±441[ab]	39 991±1 192[a]
	水稻单种（RM）	19 076±1 822[a]	24 765±829[b]
辽宁盘山	稻蟹种养（RC）	20 992±3 602[a]	52 227±6 429[b]
	水稻单种（RM）	14 189±3 149[b]	27 035±566[c]
宁夏	稻蟹种养（RC）	28 662±3 565[b]	44 435±6 355[ab]
	水稻单种（RM）	20 155±6 341[a]	26 397±4 488[bc]
湖南	稻鱼种养（RF）	29 198±11 178[ab]	74 461±33 213[b]
	水稻单种（RM）	12 794±1 868[b]	20 854±1 654[a]
福建	稻鱼种养（RF）	32 214±16 537[ab]	62 126±26 349[b]
	水稻单种（RM）	13 193±2 388[b]	23 876±2 343[ab]

注：同一列数据不同上标字母，代表有显著性差异（$P < 0.05$）。

表6-4　各地区投入产出Kruskal-Wallis检验

类别	方差来源	平方和	自由度	均方差	Chi统计量	Prob>Chi
综合种养投入	groups	3 825	4	956.252 8	14.903 7	0.004 9
	error	10 034	50	200.679 8		
	total	13 859	54			
水稻单种投入	groups	5 220.05	4	1 305.01	20.35	0.000 42
	error	8 633.95	50	172.68		
	total	13 854	54			
综合种养产出	groups	6 919.85	4	1 729.96	26.96	0.000 02
	error	6 940.15	50	138.80		
	total	13 860	54			

（续）

类别	方差来源	平方和	自由度	均方差	Chi 统计量	Prob>Chi
水稻单种产出	groups	5 440.51	4	1 360.13	21.22	0.000 3
	error	8 402.49	50	168.05		
	total	13 843	54			

从表 6-3、表 6-4 可知，无论是综合种养还是水稻单种模式，五个地区之间的投入与收益都存在高度显著差异，进而通过多重比较得到如下结论：

（1）综合种养模式投入差异是由辽宁盘山与宁夏两地区所引起，宁夏的平均投入 28 662（元/公顷），显著高于辽宁盘山 20 992（元/公顷）。辽宁盘山、宁夏分别与其他三个地区进行比较时均无显著差异。

（2）水稻单种模式投入差异，体现在宁夏、辽宁大洼的投入显著高于辽宁盘山、福建、湖南三个地区，宁夏与辽宁大洼之间没有显著差异。

（3）综合种养模式产出上，辽宁大洼的综合种养模式的平均产出为 39 991（元/公顷），显著低于辽宁盘山 52 227（元/公顷）、福建 62 126（元/公顷）、湖南 74 461（元/公顷）三个地区。宁夏平均产出为 44 435（元/公顷），与其他四个地区无显著差异。

（4）水稻单种模式产出上，湖南的平均产出 20 854（元/公顷），显著低于辽宁大洼、辽宁盘山与宁夏，湖南与福建之间无显著差异。辽宁盘山的平均产出 27 035（元/公顷），显著高于辽宁大洼、福建和湖南。尽管宁夏的平均收益为 26 397（元/公顷），与辽宁盘山无显著差异，但是由于其投入较大，从而导致利润减少。

3. 不同种养模式主要支出情况分析

为了进一步了解造成各地收益差距的原因，我们对各地区种养户在稻田种养与水稻单作模式下的投入情况做了调查和分析。调查内容主要包括种养户在农药、化肥、设施改造等方面的投入、各地区稻田种养规模化程度及当地政府的支持力度等方面，相关结果如

表 6-5 至表 6-7 所示。

表 6-5 各地区化肥、农药及有机肥使用的变化

地区	辽宁大洼	辽宁盘山	宁夏	湖南	福建
化肥成本减量（%）	2.8	19.7	32.2	47.1	49.2
化肥成本减量极差（%）	18.0	62.9	100.0	85.7	100.0
农药成本减量（%）	3.2	34.3	43.4	69.6	83.6
农药成本减量极差（%）	34.3	56.3	71.4	50.0	100.0
有机肥成本增量（元/公顷）	13.2	849.0	1 744.5	637.5	67.5
有机肥成本增量极差（元/公顷）	300.0	1 140.0	7 350.0	3 150.0	1 687.5

调查数据表明，各地的水稻单作模式均使用化肥和农药，但在稻蟹、稻鱼种养模式下化肥和农药的施用量明显减少，使用有机肥的稻田比例增大且使用量增加，综合种养模式总体呈现化肥、农药成本减少，有机肥成本增加的趋势。因此，在表 6-5 中综合种养模式与稻单作化肥按成本投入的减量百分比表示，有机肥的变化按单位面积成本投入每公顷的实际增量表示。各地区综合种养模式下化肥农药成本减量地区差异较大，稻鱼共作农药化肥成本总体低于稻蟹共作。开展稻蟹共作的地区中，宁夏的化肥农药成本减量和有机肥成本增量最高，但极差较大，仍反映出该地区农户的种养技术差距较大，开展稻鱼共作的福建也存在类似问题，而在辽宁盘山、湖南种养技术成熟度相对较高的地区种养户间差异小。

表 6-6 各地区稻田综合种养的其他支出

地区	生产模式	设施改造（元/公顷）	机耕、机收（元/公顷）	劳动用工（元/公顷）	其他支出（元/公顷）
辽宁大洼	稻蟹种养（RC）	0	3 870±139	2 648±186	0
	水稻单种（RM）	0	3 923±119	2 648±152	0
辽宁盘山	稻蟹种养（RC）	996±137	2 025±387	2 546±195	798±135
	水稻单种（RM）	0	2 127±126	1 950±147	0

（续）

地区	生产模式	设施改造（元/公顷）	机耕、机收（元/公顷）	劳动用工（元/公顷）	其他支出（元/公顷）
宁夏	稻蟹种养（RC）	1 290±621	2 681±1 293	3 164±1 788	1 088±714
	水稻单种（RM）	381±285	2 520±1 310	2 775±1 673	831±473
湖南	稻蟹种养（RC）	15 401±3 467	4 394±1 595	6 282±1 637	425±56
	水稻单种（RM）	0	4 860±120	4 519±1 113	450±0
福建	稻蟹种养（RC）	5 051±3 920	2 646±932	3 750±2 569	0
	水稻单种（RM）	0	2 646±932	2 651±1 635	0

除农药、化肥、有机肥外，稻田种养的其他主要支出项目如表6-6数据所示。稻蟹种养设施改造成本相对较低，辽宁两地区与宁夏支出相近。稻鱼种养除了设施改造费高于稻蟹种养外，劳力成本的支出也相对较高，该情况在湖南地区最为明显。

表 6-7　各地区稻田综合种养的政府支持力度及规模化程度

地区	种养户获政府补贴的比例（%）	合作社和企业占的比例（%）
辽宁大洼	0	0
辽宁盘山	100	17.6
宁夏	60.8	100
湖南	0	38.1
福建	16.7	63.2

表6-7显示了不同地区稻田综合种养的政府支持力度以及规模化程度。其中，盘山县政府对稻蟹种养的支持力度最大，所有种养户均得到了政府的补贴；其次为宁夏，有60.8%的种养户得到政府补贴；福建的稻鱼共作则有16.7%的种养户得到了政府补贴。由于政府的规模化推广，宁夏的稻蟹共作均以合作社形式开展，在盘山以合作社和企业形式开展种养的占种养户的17.6%。稻鱼共作模式因存在时间较长，在湖南和福建分别有38.1%和63.2%的

调查对象以合作社和企业形式开展种养。

综合以上数据显示，辽宁大洼地区稻蟹种养重心仍在水稻生产上，其政府支持及规模化程度均较低，在进行稻蟹共作时化肥、农药以及有机肥的投入与当地的水稻单作基本无差异。而辽宁盘山及宁夏地区得益于政府支持力度及规模化程度相对较高，在经济效益和减少化肥使用等方面有更好的表现。稻鱼共作技术相对成熟，经济和生态效益相对较好，其中湖南的稻鱼共作虽然在政府支持、规模化程度上不如福建，但在田间设施上的高投入为其带来了更好的最终收益，而其存在的主要问题则是劳动用工投入偏高。

（三）调查结果

调查结果显示，两种稻田综合种养模式（稻蟹、稻鱼）在经济收益上均比水稻单作模式高，也有更好的生态、社会效益。新一轮稻田综合种养在稻田养殖品种上强调特种化，通过高值产品的养殖来提升种养效益，但很多新品种在稻田中的养殖技术尚未完善，养殖品种在稻田养殖中如何与新农机和农艺相结合仍值得深入研究。本调查中综合种养模式利润的标准差与极差都大于水稻单种模式的标准差和极差，这说明种养户对综合种养技术的掌握程度存在较大的差距，同时，也表明综合种养模式的技术要高于传统的水稻单种模式，养殖户在综合种养过程中如果未能做到田间结构的合理设计，尤其是发生了投放密度过大、化肥施用过量和养殖成本偏高等技术或管理问题时，同样会造成养殖产量和养殖效益的下降。之前的研究均已表明综合种养模式的投入要远大于水稻单种的投入，如果不能确保技术措施的合理性和有效控制养殖过程中的生产成本，推广稻田综合种养模式仍将承受较高的养殖风险。因此，在各种养模式成熟的过程中，新技术的利用、标准化的技术、规模化推广与产业化经营，是改善我国稻田综合种养实施现状、提升效益的关键。

1. 新型种养模式的成熟与综合效益的提升

目前，在水稻生产中大量使用的化肥、农药产生了严重的面源污染，是目前稻作防治面临的主要生态和社会问题。表 6-5 数据显示，各地稻田综合种养模式在化肥、农药的成本投入上较水稻单作有不同程度地减少，有机肥的使用比例也正在逐步增大，但不同种养户间较大的极差，仍然反映出技术成熟度较低的问题。其趋势表现为：综合种养模式规模化推广较好的地区，化肥和农药的成本减量效果好；模式实施时间长、技术成熟度较高的地区，种养户间的差距相对较小，这种趋势在不同地区的稻蟹和稻鱼种养上均有体现。如宁夏的稻蟹种养从辽宁盘山引进成熟技术，在政府的支持下通过企业和专业组织在适宜地区进行规模化的推广和经营，所以稻蟹种养在化肥农药减量和有机肥的增量上总体较高。但因引进时间短，相关技术在本地区的成熟度较低，导致宁夏种养户间的差异较大。而在稻蟹种养已实施多年、技术成熟度较高的辽宁盘山地区，种养户间化肥农药减量和有机肥增量的极差较宁夏低近 40%。与稻蟹共作相比，稻鱼共作在我国实施的时间长，种养技术较成熟，所以湖南、福建的稻鱼种养在化肥农药成本减量上高于辽宁、宁夏的稻蟹共作模式。但目前我国南方很多地区的稻鱼共作多以人工为主的传统种养模式，其种养技术不能满足当前发展需要。因此，如何改进传统技术、优化田间工程与新型农机的配套，如何改变组织形式将个体种养转变为企业、合作社的规模化生产，提升新型稻田综合种养效益的关键。

2. 通过标准化和产业化提高种养收益

辽宁是我国北方稻蟹共作发展快、实施面积大的省份，但大洼和盘山两县在成本投入和最终收益上存在较显著的差异。该差异与稻蟹种养的产业化程度有关，盘山县通过农业科技入户并结合多年实践经验总结出了“盘山模式”，在政府的支持下进行区域化的布局和规模化的发展，并通过与企业的联合进一步提升了该模式的产业化和品牌效应，使生产的稻米和河蟹价格大幅提高、增效明显。凭借“盘山模式”，盘山县在 2011 年还一举成为中国稻蟹综合种养第一县。本次调查结果也显示，盘山县以企业、合作社形式开展稻蟹种养的比例要高于大洼，虽然在成本投入上无显著差异，但在最终收益上盘山显著高于大洼。宁夏虽因苗种、灌溉成本高使其最终收益降低，但宁夏的稻蟹种养均以企业、合作社形式开展，通过标准化稻蟹共作养殖技术的实施，使其在减少农药、化肥投入方面好于盘山和大洼，生态效益显著提升。盘山和宁夏的两组数据表明，标准化技术及产业化经营能使稻田综合种养经济效益及生态效益显著提高，符合我国新一轮稻田综合种养规模化、特种化、产业化和标准化的发展趋势。

3. 传统模式与现代技术的结合

稻田养鱼在中国已有很长的历史，如浙江青田县、贵州从江县都有悠久的稻鱼养殖历史。浙江青田县的稻鱼共生系统，还被联合国列为“全球重要的农业文化遗产”保护试点之一。本调查中湖南、福建的稻鱼共作系统，在生产投入上与稻蟹共作技术较成熟的辽宁省没有显著差异，但在生产总投入中劳动用工费用所占比重过大。现代化程度不够，新农机、农艺的应用相对滞后，正是目前我国南方稻鱼种养普遍存在的问题。刘某承等的研究也表明，现在我国南方地区稻鱼种养较低的现代化、规模化程度制约了综合效益的提升。Frei 等的研究证明，传统稻田种养模式的缺陷，可以通过合理的田间工程改造来规避。所以，笔者认为除了受地理环境因素制约或如浙江青田等已成为民俗传统的模式外，现有的稻田综合种养应更注重新技术的应用和产业化的发展，才能在保证产品的安全和品质的同时有效降低成本。本调查数据显示，湖南地区稻鱼共作正逐步向此方向发展，虽然在田间设施改造和机械使用上成本投入较高（表 6-6），其政府支持力度和规模化程度也不如福建（表 6-7），但其稻鱼共作的最终收益高于福建（表 6-2），足见新技术应用的重要性。因此，陈欣等学者在接受意大利独家新闻网站采访时提出，要借鉴传统农业的经验，应用新农机对田间设施进行改造，同时结合信息化管理以打造现代农业产业的观点，应是我国新一轮稻田综合种养模式的发展方向。

本调查仅核算了稻鱼共作系统的主要经济效益及部分生态效益，对该系统的社会效益等服务功能的评价和估算，尤其是对传统农业生态和社会效益的认识仍需进一步研究。如何在发展稻田综合种养现代化、规模化、信息化生产的同时，保证该种养体系的生物和景观多样性，使种养系统具备较高生产力和较好的生态、社会效益，也是新一轮稻田综合种养需要解决好的关键问题。

第七章 稻田综合种养产业化发展存在的问题与政策建议

一、稻田综合种养产业化发展中存在的问题

从技术发展情况看，目前稻田综合种养技术在模式构建、品种筛选、田间工程设计、重点技术参数确立、种养技术衔接等方面均取得了进展，在典型示范中也达到了预期的效果。然而，该技术在更大规模的产业化应用中暴露出一些问题。主要如下：

（一）综合种养模式有待进一步丰富和完善

目前，全国稻-鱼、稻-虾、稻-鳖、稻-蟹等稻田综合种养模式的集成推广示范取得了初步成效，但相关的共作、连作、轮作等模式的深度开发不够，一些模式尚没有形成成熟的技术规程。从总体上，综合种养模式还偏少，与大面积示范推广的要求尚有较大差距。

（二）产业化配套技术有待进一步丰富和完善

与产业化相互配套的种养品种、农机农具、技术规范等还不够丰富；产业化发展的质量控制、服务保障、产业经营体系不健全；田间工程、种养茬口衔接与大规模机械化配套性不强等，这些问题也成为进一步推动稻田综合种养产业化发展的瓶颈。

（三）综合种养的应用基础理论需强化

目前，我国对稻田综合种养的理论研究才刚刚起步，相关的物质循环、能量利用、环境影响等基础研究不深入，导致共作、连作、轮作等综合种养模式的构建上理论指导不充分。在实际操作中对水稻施肥、喷药、烤田与水产养殖的协调机制建立，缺乏相关理论数据支撑。

（四）复合型农业科技和推广人员缺乏

稻田综合种养技术涉及种植和养殖的结合、农机与农艺的结合，需要综合作物栽培、水产养殖、农业机械等相关知识，建构种养理论体系和技术体系。目前，迫切需要尽快培养建立一支既会种田、又会养鱼的复合型科技和推广队伍。

（五）开展稻田综合种种养的标准急需制定

由于水产养殖比较效益通常高于水稻，受经济利益驱动，部分地区稻田开挖池塘面积过大，偏离了以渔促稻生态环保的发展方向。因此，急需建立主导模式的技术标准，明确各种模式在稳粮、生态、环保等方面的技术指标，规范稻田综合种养的行为，确实做到稻渔互促，持续健康发展。

二、稻田综合种养产业化发展总体思路

（一）指导思想

坚持“稳粮增效、以渔促稻、质量安全、生态环保”的发展理念，以稳定水稻生产为中心，以特种水产品养殖为主导，以产业化、规模化、标准化、品牌化为导向，采用技术的集成创新、典型示范及辐射带动相结合的方式，边试验、边示范，边调整、边推广，选择确立一批适应我国主要稻作区的稻田综合种养产业化发展主导模式，集成创新与主导模式相配套的关键技术体系，完善产业化发展相关保障，促进我国稻田综合种养规模扩大和产业升级。

（二）基本原则

1. 坚持稻渔共赢的原则

稻田综合种养产业化发展中，稳粮是发展前提，增收是发展动力，两者相互促进，互为条件。因此，在发展中，要兼顾水稻种植和水产养殖的发展，在稳定水稻产量、保证生态安全的基础上，发展特种水产品养殖，大力提高稻田的综合经济效益。

2. 坚持产业化导向原则

产业化是稻田综合种养区别于传统稻田养殖的重要特征。在稻田综合种养实施过程中，要将产业化发展作为主线，扩大经营规模，提高机械化操作水平，提升品牌化发展空间，促进“科、种、养、加、销”一体化产业链的形成。

3. 坚持生态环保的原则

要着力处理好生产发展与生态改善间的关系，坚持以稻田资源的可持续利用为主线，减少农药和化肥的使用，改善稻田的生态环境，大力发展健康养殖，逐步建立资源节约、环境友好的生产体系。

4. 坚持因地制宜的原则

我国地域辽阔，不同稻作区之间气候、水文等自然条件，以及生产作业方式相差较大，水稻和水产品的适应性也不同，因此，在稻田综合种养发展过程中，要根据不同地区的不同特点，选择合适的种养模式和关键技术，以确保技术在各地达到预期的效果。

（三）目标任务

总体目标为，通过整合资源、统筹推进，确立我国稻田综合种养产业化发展的主导模式，集成完善配套关键技术体系，促进我国稻田综合种养产业升级，力争使我国开展稻田综合种养面积占我国水稻种植面积的15%～20%。

三、推动稻田综合种养产业化发展的建议

（一）加强稻田综合种养产业化模式和技术的集成创新

1. 确立产业化发展的主导模式

根据“稳粮增效、以渔促稻、质量安全、生态环保”的发展目标，按照产业化要求，提出主导模式的确立标准。重点加强稻-蟹、稻-鳖、稻-虾、稻-鳅、稻-鲤等主导模式总结和研究，不断集成适应于不同生态和地域条件的典型模式，并形成技术规范。

2. 集成产业化配套关键技术

加快稻田综合种养产业化关键技术研发，认真组织实施稻田综合种养的公益性科研和推广专项，按照规模化、标准化、品牌化的发展要求，重点对主导模式的配套水稻种植、水产养殖、茬口衔接、水肥管理、病虫草害防控、田间工程、捕捞加工、质量控制等关键技术进行集成创新。

3. 集成水稻稳产关键技术

紧紧围绕水稻持续稳产的要求，加强综合种养条件下水稻品种筛选、水稻种植、水肥管理、田间工程等方面的技术创新。主要技术思路：在共作模式中，确保稻田单位面积内水稻种植穴数不减，并充分发挥边际效应；积极发展连作、轮作模式，通过茬口衔接技术，充分利用冬闲田或水稻种植的空闲期开展水产养殖，不影响水稻生产；严格控制田间工程中的沟坑面积，不得超过稻田总面积的10％，并不能破坏稻田的耕作层。

（二）加快稻田综合种养产业化模式和技术的示范推广

1. 积极推进产业化示范

要在全国组织开展稻田综合种养产业化示范区建设，创建一批规模大、起点高、效益好的稻田综合种养产业化核心示范区。示范区应突出规模化、标准化、品牌化、产业化，加大区田间工程、配套设施设备以及相关保障体制机制建设，并适时组织现场交流会，发挥示范区的展示及辐射带动作用，使示范区及周边辐射带动区，形成区域化布局、标准化生产、规模化经营的发展格局。

2. 加强技术指导和培训

尽快建立由水产、种植、农机、农艺、农经、农产品加工等多方面专家组成的稻田综合种养技术协作组，深入一线，巡回指导，解决产业间相互支持、相互合作、相互协调、相互融合的生产和技术问题。同时，组织编写统一培训教材，加大对技术骨干人员培训。依托科技入户公共服务平台，积极构建“技术专家＋核心示范户＋示范区＋辐射户”的推广模式，提高技术的到位率和普及率。

3. 建立示范的标准体系

组织研究制定稻田综合种养产业化的相关标准体系，加快制定相关行业、地方以及企业标准，明确各类稻田综合种养模式在稳粮、增效、质量、生态、经营等方面技术性能指标，明确技术性能维护要求和技术评价方法，逐步形成示范推广的标准体系，确保技术推广不走样。

（三）加强稻田综合种养产业化相关基础理论研究

1. 加强关键技术参数研究

要深入开展相关技术应用理论研究，重点研究在保持水稻持续稳产、稻田综合效益最优的情况下，稻田综合种养产业化发展中水稻品种筛选、水稻种植密度、水产品放养密度、沟坑控制面积等方面的最优技术参数，提出技术和模式的优化建议。

2. 开展相关生态机理研究

要加强重点研究物质和能量在稻田共生系统中转化及利用效率，揭示稻田共生系统中水稻稳产以及对农药和化肥依赖低的生态机理。开展生态经济效益分析，开展稻田综合种养系统的生产力和生态效应分析，提出保障稻田系统稳定性的技术建议，组织开展稻田综合种养发展潜力分析，为稻田综合种养发展规划提供依据。

3. 加强稻田综合效益评价

认真做好水稻测产工作，组织开展综合种养稻田和水稻常规单种稻田的综合效益对比分析。根据生产投入和产出情况，计算单位面积新增经济效益；从减少化肥和农药使用、提高稻田肥力、改善农村生态环境等方面评价生态效益；从提高农民种粮积极性、提高食品质量安全水平、促进农民增收、推进农村合作经济等方面评价社会效益，逐步建立稻田综合种养条件下水稻测产和稻田综合效益评价方法体系。

（四）完善稻田综合种养产业化发展体制机制

1. 积极培育新型经营主体

强化产业化发展导向，积极推进以集约化、专业化、组织化、社会化为特征的新型稻田综合种养发展，积极培育专业大户、家庭农场、龙头企业、专业合作社等新型经营主体，通过统一品种、统一管理、统一服务、统一销售、统一品牌，进一步提高稻田综合种养组织化、标准化、产业化程度，完善产业化发展的体制机制，建成“科、种、养、加、销”一体化的产业链。

2. 完善产业化配套服务体系

以国家水产技术推广体系为依托，着力加强与规模化、产业化相关的稻田综合种养技术和公共服务保障体系，加快培育苗种供应、技术服务、产品营销等方面的合作经济组织，建立完善相关社会化服务体系。完善产前、产中、产后全过程的社会化服务。

3. 大力打造生态健康品牌

要大力挖掘稻田综合种养生态价值，积极推进各地按无公害、有机、绿色食品的要求组织稻田产品的生产，主打生态健康品牌，进行系列化开发，建立专业化种养、产业化运作、品牌化销售的运行机制，提升稻田产品的价值，用效益引导农民参与稻田综合种养。

（五）优化稻田综合种养产业化发展环境

1. 加大政策扶持力度

各地应积极把稻田综合种养作为稳粮、促渔、增收的重要措施，列入现代农业发展的重点支持领域，引导各地结合实际，将稻田综合种养纳入当地农业发展规划，加大政策和资金的扶持力度。建议组织制定全国稻田综合种养发展规划，积极推进稻田综合种养发展与农田水利设施建设等农田改造项目相结合。

2. 扩大工作宣传力度

通过各种媒体广泛宣传稻田综合种养在“稳粮、促渔、增效、提质、生态”方面的作用，让社会各界全面了解稻田综合种养的良好发展前景。积极向财政、发改委、科技、种植、水利等部门及各地政府汇报稻田综合种养新进展新成效，积极营造多方支持的良好氛围。

参 考 文 献

陈坚，谢坚，吴雪，等，2010. 稻田养鱼鱼苗规格和密度效应试验［J］. 浙江农业科学（3）：662-664.

陈欣，唐建军，2013. 农业系统中生物多样性利用的研究现状与未来思考［J］. 中国生态农业学报，21（1）：54-60.

丁伟华，李娜娜，任伟征，等，2013. 唐建军. 传统稻鱼系统生产力提升对稻田水体环境的影响［J］. 中国生态农业学报，21（3）：308-314.

丁伟华，2014. 中国稻田水产养殖的潜力和经济效益分析［D］. 浙江大学硕士论文.

郭梁，孙翠萍，任伟征，等，2016. 水生动物碳氮稳定同位素富集系数的整合分析［J］. 应用生态学报，27（2）：601-610.

郭梁，任伟征，胡亮亮，等，2017. 传统稻鱼系统中“田鲤鱼”的形态特征［J］. 应用生态学报，28（2）：665-672.

胡亮亮，2014. 农业生物种间互惠的生态系统功能［D］. 浙江大学博士论文.

胡亮亮，唐建军，张剑，等，2015. 稻-鱼系统的发展与未来思考［J］. 中国生态农业学报，23（3）：268-275.

李娜娜，2013. 中国稻田主要种养模式的生态分析［D］. 浙江大学硕士论文.

任伟征，2016. 传统稻鱼系统中的遗传多样性［D］. 浙江大学博士论文.

孙翠萍，2015. 水产动物对稻田资源的利用特征：稳定性同位素分析［D］. 浙江大学硕士论文.

唐露，2018. 重要传统农业贵州从江稻鱼鸭系统的水稻遗传多样性［D］. 浙江大学硕士论文.

王寒，2006. 农田系统中物种间相互作用的生态学效应［D］. 浙江大学硕士论文.

吴雪，谢坚，陈欣，等，2010. 稻鱼系统中不同沟型边际弥补效果及经济效益分析[J]．中国生态农业学报，18（5）：995-999.
吴雪，2012. 稻鱼系统养分循环利用研究［D］．浙江大学硕士论文．
吴敏芳，郭梁，王晨，等，2016. 不同施肥方式对稻鱼系统水稻产量和养分动态的影响[J]．浙江农业科学，57（8）：1170-1173.
吴敏芳，张剑，陈欣，等，2014. 提升稻鱼共生模式的若干关键技术研究［J］．中国农学通报，30（33）：51-55.
吴敏芳，张剑，胡亮亮，等，2016. 稻鱼系统中再生稻生产关键技术[J]．中国稻米，22（6）：80-82.
谢坚，刘领，陈欣，等，2009. 传统稻鱼系统病虫草害控制[J]．科技通报，25（6）：801 - 805.
谢坚，2011. 农田物种间相互作用的生态系统功能［D］．浙江大学博士论文．
杨星星，谢坚，陈欣，等，2010. 稻鱼共生系统不同水深对水稻和鱼的效应［J］．贵州农业科学，38（2）：73-74.
张剑，胡亮亮，任伟征，等，2017. 稻鱼系统中田鱼对资源的利用及对水稻生长的影响[J]．应用生态学报，28（1）：299-307.
Hu L L，Zhang J，Ren W Z，等，2016. Can the co-cultivation of rice and fish help sustain rice production［J］. Scientific Reports，6：1-7.
Hu L L，Ren W Z，Tang J J，等，2013. Traditional rice-fish co-culture can be more productivity without increasing N loss into enviroent［J］. Agriculture，Ecosystems and Enviroent，177 ：28-34.
Ren W Z，Hu L L，Zhang J，等，2014. Can positive interactions between cultivated species help to sustain modern agriculture［J］. Frontiers in Ecology and the Environment，12：507-514.
Ren W Z，Hu L L，Guo L，等，2018. Preservation of the genetic diversity of a local common carp in the agricultural heritage rice-fish system［J］. Proceedings of the National Academy of Sciences of the United States of America，115：E546-E554.
Tang J J，Xie J，Chen X. 2009. Can rice genetic diversity reduce *Echinochloa crus-galli* infestation［J］. Weed Research，49：47-55.
Xie J，Hu L L，Tang J J，等，2011. Ecological mechanisms underlying the sustainability of the agricultural heritage rice-fish co-culture system［J］. PNAS，108（50）：E1381-1387.

Xie J，Wu X，Tang J J，等，2010. Chemical fertilizer reduction and soil fertility maintenance in rice-fish co-culture system [J] . Frontiers of Agriculture in China，4 (4)：422-429.

Xie J，Wu X，Tang J J，等，2011. Conservation of traditional rice varieties in a Globally Important *Agricultural Heritage System* (*GIAHS*)：rice-fish co-culture [J] . Agriculture Sciences in China，10 (5)：754-761.

Zhang J，Hu L L，Ren W Z，等，2016. Rice-soft shell turtle coculture effects on yield and its environment [J] . Agriculture Ecosystems and Environment，224：116-122.

图书在版编目（CIP）数据

稻渔综合种养技术模式与案例/全国水产技术推广总站组编；肖放，陈欣，成永旭主编．—北京：中国农业出版社，2019.9

（稻渔综合种养新模式新技术系列丛书）

ISBN 978-7-109-25976-8

Ⅰ.①稻… Ⅱ.①全…②肖…③陈…④成… Ⅲ.①稻田养鱼—研究 Ⅳ.①S964.2

中国版本图书馆 CIP 数据核字（2019）第 215897 号

中国农业出版社出版

地址：北京市朝阳区麦子店街 18 号楼

邮编：100125

责任编辑：林珠英 黄向阳

版式设计：杜 然 责任校对：沙凯霖

印刷：中农印务有限公司

版次：2019 年 9 月第 1 版

印次：2019 年 9 月北京第 1 次印刷

发行：新华书店北京发行所

开本：880mm×1230mm 1/32

印张：8

字数：230 千字

定价：28.00 元
